别让失控害了你

如何掌控自己的情绪与生活

云卓◎著

海天出版社（中国·深圳）

图书在版编目(CIP)数据

别让失控害了你：如何掌控自己的情绪与生活 / 云卓著. —深圳：海天出版社, 2014.9
ISBN 978-7-5507-1066-5

Ⅰ. ①别… Ⅱ. ①云… Ⅲ. ①自我控制—通俗读物 Ⅳ. ①B842.6-49

中国版本图书馆CIP数据核字(2014)第080268号

别让失控害了你：如何掌控自己的情绪与生活
BIERANG SHIKONG HAI LE NI: RUHE ZHANGKONG ZIJI DE QINGXU YU SHENGHUO

出 品 人 陈新亮
责任编辑 张绪华
责任技编 梁立新
封面设计 元明 · 设计

出版发行 海天出版社
地　　址 深圳市彩田南路海天综合大厦 (518033)
网　　址 www.htph.com.cn
订购电话 0755-83460293(批发) 83460397(邮购)
设计制作 深圳市龙墨文化传播有限公司 (0755-83461000)
印　　刷 深圳市新联美术印刷有限公司
开　　本 787mm × 1092mm 1/16
印　　张 16
字　　数 211千
版　　次 2014年9月第1版
印　　次 2014年9月第1次
定　　价 39.00元

前 言

为什么工作总是被拖到最后一分钟才完成？

为什么一网购就Hold不住？

为什么有些人会突然失控，对周围的人大发脾气？

为什么你会在诱惑面前屈服，让减肥计划屡屡受挫？

为什么晚上不肯睡、早上不肯起？

也许你还有以下问题：每天很忙但效率很低；网游控或微博控；怯场、怕生；异性恐惧症。那表示，你正在失控！失控，是一种对时间和生活失去自主能力的心理病变。它会蚕食自信、乐观、淡定等正能量，还会摧毁人的创造力与意志力。

做事拖拉、爱发脾气、到处抱怨、生活一团糟，我们其实并非天生如此，只是我们的自控力暂时被耗尽了。试图压抑自己的想法、情绪和欲望，只会产生相反的效果，让你更容易去想、去感受、去做你原本最想逃避的事。若想获得心灵的平静和足够的自控，就要意识到，控制自己的思想是件不可能的事情。我们能做的就是：选择自己相信什么，选择自己要做什么。

盲目纵欲是自控力的腐蚀剂，那么，反过来自控力又是征服放任的有效武器。大多数人都觉得自己意志力薄弱——自控只是一时的行为，而力不从心和失控却是常态。很多人觉得让自己和他人失望了，因此内心充满愧疚，另一些人则觉得，自己被想法、情绪和欲望支配着，一时冲动而非审慎抉择主宰了自己的生活。

我们错误地认为自己明天会比今天有更多的空闲时间。我们总是憧憬着未来，却没能看到今天的挑战。这让我们确信，未来我们会有足够的时间和精力去做今天想做的事。我们觉得，推迟到以后再做是理所当然的。我们相信，未来不仅能弥补今天所没做的事，还能做到更多。实验证明，明天和今天毫无区别。即便是自控力很强的人，也觉得掌控生活是件令人筋疲力尽的事。人们不禁会问：生活真的需要如此艰难吗？自控便是让人更好地修正自己的道路，尽可能走向正确的办法，没有自控力的人是无法成功的，会走无数弯路以至于偏离自己本来的道路越来越远。

古希腊哲学家泰勒斯指出："做什么事情最容易，向别人提意见最容易；做什么事情最难，管理好自己最难。"要管好自己，我们首先需要有强大的自控力。自控力是一个人自觉地调节和控制自己行动的能力。首先控制你自己然后你才能控制别的人。

自知之明是自控的基础。认识到自己的意志力存在问题，则是自控的关键。至少，当你读完这本书时，你将对自己的行为有更好的理解。你会明白，这些行为虽不完美，却是人之常态。自控力就像肌肉一样有极限。自控力用得太多会疲惫，但坚持训练能增强自控力。拥有良好的意志力，就能成为自己命运的主宰者，能够轻松地操控自己的心情。大道理人人都懂，关键是小情绪如何自控！战胜自己的惰性，掌握自己的生活，从容不迫地走向成功。

请想象自己一年后的情况，如果那时生活没有发生任何改变。你会满意吗？笔者采访过很多人，他们中的大多数人都会沉思一阵子后摇摇头，肯定地说："不满意。"我接着问他们："你有采取过什么行动来改变生活吗？"大多数人茫然地直视前方，喃喃地回答道："没有，什么也没做。"他们觉得身陷困境，关于未来好像没有什么可以做的。他们也想改变生活，但却不知道该如何着手。

本书以独特的心理学方法为基础，从如何了解自己；如何掌控自己的情绪；如何掌握幸福的方法；如何做出正确的决策和判断；如何摆脱环境对自己的影响；如何摆脱物质依赖等方面阐明了培养、提高自我控制能力的方法；论述如何在实践中磨炼自我控制能力、迎接并克服种种艰难阻碍；探讨如何运用、发挥意志力，控制情绪和欲望、改变旧习惯、克服拖延等。

通过阅读本书，你可以告别拖延症、月光族、熬夜族、减肥控、淘宝控、电脑控、手机控、微博控、购物狂、注意力涣散、抽烟、酗酒、赌博、酒精依赖等。

本书引导读者在自己今后的生活实践中，既自觉地修炼和提高自控力，又灵活运用自控术，从而成功掌控自己的人生，做自己真正的主人。强大的自制力是训练出来的！无论你出身如何、受过怎样的教育、身处怎样的环境，只要你想，你就能唤醒心中的巨人，成就专注、自控、高效的人生！

目录

Chapter 1 第一章 管理自己的情绪

Chapter 2 第二章 掌控好自己的生活

Chapter 3 第三章 让自控成为一种习惯

Chapter 4 第四章 别让他人操纵你

Chapter 5 第五章 做出最重要的选择

Chapter 6 第六章 别让环境毁了你

Chapter 7 第七章 认识自己，才能控制自己

Chapter 8 第八章 发现自己的人生使命

第一章

管理自己的情绪

- 别让情绪影响你的健康
- 不良情绪是死神的朋友
- 摆脱抑郁情绪的纠缠
- 摆脱阴云笼罩的生活
- 直面内心的恐惧
- 不要轻易说“必须”
- 你的伤心事会说与谁听
- 情绪hold了你?
- 乐观，现实吗?
- 坐直了就会开心点

第一节　别让情绪影响你的健康

在一场盛大的斯诺克决赛中，一个胜券在握的选手准备击打最关键一球时，突然一只苍蝇落在他的球杆上。选手挥舞球杆，但苍蝇飞了一圈后像故意与选手作对似的，再一次落在球杆上。其实选手根本不必理会它，可他却被苍蝇分了心。选手不断挥手要把苍蝇赶走，但是奇怪的是，他越是在意去赶苍蝇，那苍蝇越是讨厌地飞回来。这样一来，选手的情绪变得很糟糕，最后这一只苍蝇让他彻底愤怒了。比赛时他精神分散，打球发挥失常，结果一败涂地，最终他与冠军无缘，随后，失望与愤怒冲昏了他的头脑，第二天人们在河中发现了他的尸体。

据心理学家研究，人的每一个决定和行为，都或多或少地受到情绪的影响。无论是对学习还是对社会适应能力来说，情绪都扮演着非常重要的角色。心理学家劝诫那些情绪容易受外界干扰的人，应先处理好心情，再投入精力处理事情。

人之为人，孰能无情？这里的“情”指的是情绪。美国著名心理学专家安东尼·罗宾斯表示：“成功的秘诀就在于懂得怎样控制痛苦与快乐这股力量，而不为这股力量所反制。如果你能做到这点，就能掌握住自己的人生，反之，你的人生就无法掌握。”国际情绪研究协会主席罗伯特·所罗门表示：“真正的幸福来自完整的情绪。”哈佛大学心理学教授丹尼尔·戈尔曼表示：“一个人如果不具备情感能力，没有自我意识，不能处理悲伤情绪和没有同情心，不知道怎样跟人很好地相处，即使再聪明，这个人也不会有大的发展。”

北大心理学课堂上曾提及：生活本身就是一种承受，欢乐、痛苦、幸福、失落、温馨、孤独……情绪是天使与魔鬼的复合体，关键看我们如何有效地调整控制自己的情绪，做情绪的主人。

才貌双全的林黛玉，因其性格多愁善感，忧郁猜疑，最终积郁成疾，呕血身亡。三国时东吴的大都督周瑜，因为妒忌多疑、心胸狭窄，而被诸葛亮活活气死。与他们相反的是跨世纪的女作家冰心老人，一生淡泊名利，崇尚简朴，不奢求过高的物质享受，在和谐的环境中与人相处，在微笑中勤奋写作。她的健康长寿，事业辉煌主要得益于开朗、豁达的性格。

情绪除了影响人体免疫系统而不利于人体健康外，还会通过影响人的行为方式、心理适应性、社会支持度等决定身体健康的重要因素而影响人体健康。而人的身体健康反过来又会影响情绪，因而通过情绪也可推断人的健康状况。

情绪的产生以生理需要为基础，同时也是由人对环境、事物的认识决定的，受环境的影响。

首先，情绪的产生和生理有关系。现代科学证明，人的情绪可以引起内脏器官机能的变化。比如，人高兴时每分钟呼吸17次，消极悲伤时每分钟呼吸只有9次，恐惧时每分钟呼吸20次，愤怒时每分钟呼吸可以高达40次；心跳在满意愉快时正常，恐惧或暴怒时加快，血压升高；惊惧或愤怒时，唾液常常停止分泌，悲伤时，食欲会减退等等。

其次，自然环境会对情绪产生影响。在生活中，我们可以得知，在气温高的时候，犯罪率也随之升高。

最后，社会环境会影响人的情绪。如果你在森林里看到一只老虎，一定会十分恐惧，而在动物园里观看笼子里的老虎，却会觉得好玩有趣。这就是人在不同环境下有不同的情绪状态。

情绪和疼痛一样，虽然你不喜欢它，但它的存在是有它的道理的。它的本意是保护你。当然，有时它反应过头，有时它逗留过久。

不要希望我们能够杜绝坏情绪，因为我们根本就无法做到，而且这样的企图也是很危险的。如果我们抑制坏情绪不发泄，或找不到合理的发泄途径，最终会对我们的身体产生不可逆转的损害。我们能够做到的，是让它相对较少地出现，并能够得到及时的排解。重要的不是出现的频率，而是每次出现时强度不要太大，逗留时间不要太久，不要影响我们的正常生活。当然，如果遇到巨大的心理创伤，坏情绪持续时间过长，最好寻求心理咨询师或心理医生的帮助。

人的一生，就像一趟旅行，沿途中有数不尽的坎坷泥泞，也有看不完的春花秋月。如果我们的心总是被灰暗的风尘所覆盖，黯淡了目光，失去了生机，那么，我们的人生轨迹岂能美好？如果我们能保持健康向上的心态，即使身处逆境，也能看到沿途的美景。

第二节　不良情绪是死神的朋友

傍晚，一位老人从外面回来，就在他马上要走进小镇的时候，突然发现远处有一位非常高大的人站在那里。于是，老人便走上前去，问道："先生，我是本镇的镇长，为了人们的安全，你能告诉我你从哪里来，要做什么吗？"

"当然可以！"大高个恭敬地对老人说道，"我是死神，来自地狱，我来这里是为了带走即将死去的100个亡灵。"

"啊！这简直太可怕了。"老人吃惊地看着这位自称死神的大高个说，"既然你知道他们有难，为何不伸出你的援助之手呢？而站在这里，看着这些可怜的人步入死亡？"

"请你先不要生气，这就是我的工作。况且，你能阻止田地里马上要成熟的庄稼吗？你能阻止果树上的果子成熟吗？"死神顿了顿说，"我不伸出援助之手，是因为我是死神，而不是天使。就像男人不能生出小孩一样！所以，这完全是不可能的事情。"

老人看无法改变，便告别了死神，赶快跑回小镇里。挨家挨户地提醒大家，无论做什么事都要小心翼翼，尽量别出意外。死神在外面等着要带走100个亡灵呢！

老镇长的一席话，立刻激起轩然大波，整个镇子全都陷入了深深的恐惧之中。每个人都在想"天啊！死神要带走100个亡灵，其中有没有我呢？如果真的有我，那该怎么办呢？"

老镇长的家里坐满了人，全都在商讨应该怎么来面对和解决这个问题。

结果，讨论了很长时间，依旧没有任何结果。没办法，于是，所有人全都心事重重地回去了。

这一夜，整个小镇的气氛非常紧张，人们全都在惊恐害怕、焦虑无望中度过。

第二天早上，老镇长非常生气，他怒气冲冲地来到镇外，寻找死神的踪影。他来到和死神相遇的地方，大声怒吼道："死神，给我出来，你为什么不守信用……"

死神显灵了，他平静地对老镇长说："尊敬的镇长，我非常理解你的心情，但是，我也明确地告诉你，我从来都是非常守信用的。"

"你守信用？你昨天告诉我说你要带走100个亡灵，可现在呢？整整死了1000多人！"老人生气地怒斥道，"这难道就是你的守信之道吗？"

的确，在天刚亮的时候，噩耗便一个接一个地传来，这里死了几个人，那里死了多少人的资料报到老镇长的手中后，经过汇总，老人震怒了，竟然死了1000多人，于是他就来找死神讨公道。

死神看了看老人，依旧平静地说："我带走的数目，就是我昨天跟你说的，这你不用怀疑。然而，由于这些人的恐惧过度，所以他们被我的朋友恐惧和焦虑带走了。"

是的，恐惧和焦虑确实是死神的朋友，而且，他们比死神更可怕，因为恐惧和焦虑可以传染。

一切顽固的忧愁和焦虑，可称为不良情绪，这种情绪强烈而长期存在，足以给疾病大开方便之门。情绪在一些躯体疾病中，起着重要作用。而人的疾病状态，反过来也可引起情绪变化，两者互为因果。常见的心血管疾病、消化性溃疡、糖尿病、哮喘、甲亢等都与长期的负面情绪有关。我国自古就有喜伤心、怒伤肝、思伤脾、忧伤肺、恐伤肾之说。当人情绪变化时，往往伴随着生理变化。

英国心理学家研究机构对6万名成年人进行调查研究发现，其中近15%的人有心理问题，女性要比男性多。年龄较为年轻、有吸烟习惯的人、服用降血压药物者似乎较易有身心困扰，这些人往往收入也较低。机构跟踪调查8年后发现，有2367人死于缺血性心脏病、中风与其他心血管疾病。

心理学家指出，一般人口中约有15%～20%的人有情绪障碍、心理困扰。过去的研究已经发现，这些常见的身心困扰可能与冠状动脉疾病有关，但很少有人研究身心疾病与心脑血管疾病之间是否有关联。心理学家总结指出，该研究结果有助于医生从普通精神病患者中筛选病患，从而减少这些病患由心脏病和中风而导致的死亡风险。

事实上，在现实生活中我们经常会看到，许多中风病人的发病都与情绪激动有关，尤其是经常有生气、吵架、恐惧、焦虑、兴奋、紧张、悲伤、嫉妒等情绪的病人，常常在这些情绪的剧烈发作当中或之后出现中风。经医学证实：这些情绪的经常刺激，能够引起大脑皮质和丘脑下部兴奋，促使去甲肾上腺素、肾上腺素及儿茶酚胺等血管活性物质分泌增加，导致全身血管收缩、心率加快、血压上升，使脑血管内压力增大，容易在已经硬化、失去弹性、形成微动脉瘤的部位破裂，从而发生脑出血。

每个人都会产生负面情绪，缓解的方式也有很多，但当我们代谢负面情绪的能力薄弱，方式不得当时，负面情绪就会越积累越多，以至于无法承载而患病。

从心理学的角度上讲，负面信息会对某些人的心理造成长久的影响，甚至终生。在我们的生活当中，有些人群是特别易受负面情绪影响的，比如学生、销售人员、医生、老师、心理咨询师等。如何让自己从不良情绪中脱身，可以试试以下几种方法：

1. 进行角色转换

分清楚自己的角色，有利于负面情绪的缓解。比如自己在工作当中承接了很多负面情绪，同事之间的矛盾、领导的不理解等，而回到家中如果能很快地意识到自己是丈夫、是父亲，面对的是妻子和孩子，尽快适应新的角色，从新的角色中获得力量和支持，负面情绪就会相对减轻。但是角色的定位和转换比较难，因此需要做认知的调整，也就是把负面情绪产生的原因意识化，搞清楚负面情绪产生的来源，这个过程可以让人变得客观，还可以获得多个方面的情绪体验，从而弱化那个负面情绪激发点的作用。

2. 不要强加心理暗示

有很多人在遇到负面情绪影响时会习惯性地给予自己一个心理暗示，告诉自己不要去在意这件事情。当一个人不停地强迫自己不做某件事情，无疑是在不断强化那件事情带来的情绪影响，这样反而会导致负面情绪的增加，不利于缓解负面情绪的伤害。对待负面情绪最好的方式就是坦然地接受它，积极地面对它。

3. 改变情境、注意力

自身调节的以及疏解的方法：尝试改变情境、转移注意力都是简单易行而且不错的方法。当然对某些深层次的负面体验，要经过心理咨询师的协助才能进行。

有句话叫“人生就像心电图，如果一帆风顺，那么只能说明你已经死了”，每个人的人生都避不开高峰和低谷，因此不可避免的，总有一些让你烦躁、焦虑、心情低落的事情出现。当所有的不愉快全部汇集成一刻的时候，那种焦虑感、绝望感很容易给人带来负面心理影响，甚至可能导致悲剧的发生。

我们需要注意的是，任何情绪，包括负面情绪，都是一种能量，所求不得的愤怒，希望落空的悲伤，都只是一种生命能量的自然流动而已，它会来，就一定会走。

第三节　摆脱抑郁情绪的纠缠

很多人会认为抑郁症的人是不是每天都不开心，实际上多数抑郁症来访者会说“我觉得特别空虚，我没什么情绪”。因为抑郁症本身会使人觉得对周围一些事情失去兴趣。会觉得浑身上下特别没有力气，所以形容抑郁症最恰当的是没有生命力。

如果你情绪持续低落，然后觉得空虚，没有价值感，或者出现你开始对你周围所有的事情都失去兴趣，你对以前感兴趣的人、事，或者活动都失去兴趣了，以上的两条中出现任意一条，持续两周以上的话，一定要去专业的医院，做一个临床诊断。

本节，我们所说的只是抑郁情绪，抑郁情绪每个人都能体验到，感觉某些天心情低落，很难感觉到快乐。

抑郁情绪其实是一个警告。它告诫我们可能生活中出现了一些问题。

方法1：要反省自己的理想是否已经高得脱离了现实，是否具有可实现性。一旦出现抑郁情绪，我们就应该好好利用这次抑郁情绪的机会和“资源”，重新审视自己的人生理想。

人生并不总是处在直线上升阶段，往往在达到一定高度之后，会进入平台期，此时要有心理准备，一方面接受这样一个残酷的现实，让自己承受一段难熬的日子，而不是自我憎恨、自我嫌弃；另一方面，采取新的有效措施，这样，我们才可能继续上升到更高的平台期。

方法2：将快乐带入生活。抑郁情绪的调节，最根本有效的是扩大自己获得快乐的途径和方法。易感抑郁的人往往比较善良，体贴他人，利他主义，却往往过低评价自己，贬低自己，拒绝应得的欢乐。即使在情绪正常的时候，他们也总是觉得自己没有资格享受欢乐。他们不值得欢乐，总是把别人的需要放在第一位。将欢乐带进生活的确是良好心境的基本策略之一。

方法3：不要孤注一掷。世上没有一帆风顺的事情。每个人都会遇到工作或工作的某些方面进展不顺的情况，或夫妻关系发生矛盾，或个人爱好得不到满足，或生活中似乎充满各种问题。因此如果将所有的自尊心都绑在生活的某一件事情上，你肯定会变得非常脆弱。过去，学习成绩优异、事业取得成功曾经是我们获得快乐和价值感的主要方法和手段。当我们在事业上已经难以再取得更进一步成功时，或者即使在追求事业成功的同时，我们还应该注意发展一些其他的方式，让自己能够体会到人生的快乐。比如，与老朋友聚会、聊天、旅游等，与家人团聚、共享天伦之乐，发展自己的业余爱好，比如听音乐、参加体育运动和书画收藏等，这些都可以让我们体会到乐趣。

方法4：依靠自己的社会支持系统，建立可靠的人际关系，当发生什么不利事件时，有一个可以完全信赖的人，无论是亲戚、配偶或朋友，是防止抑郁的最重要保证之一。抑郁的人一定要找开朗的人开导，这个人即使不是专业咨询师也有一定的作用，他们作为听众已经能宣泄抑郁者心中一半的不良情绪。很多人忌讳跟抑郁者谈到自杀的问题，担心说到“死”会刺激他们真的要去死，其实不必回避自杀的问题，周围的人可以坦诚地与抑郁者谈，只要遵循一定的技巧：“跟他们讲‘千万不要想不开’是没有用的，开导的时候着重分散其注意力，逐步谈到他们最伤心的地方，通过问‘你这样就死了值不值？’等问题逐步改变其认知。”

方法5：注意睡眠、饮食和运动。我们不可忽视那些有可能导致情绪低落的基本生理因素。如果睡眠不佳，食欲不振，听任自己处于不良的生理状态，就很容易出现低落情绪，因为日常活动耗尽了精力，很快就会把我们压垮。失眠是低落情绪的一种很普遍的后果，反过来它又能使我们容易产生抑郁情绪。因此在你情绪较好的时候，就应该养成良好的睡眠习惯。

对于酒精饮料也要特别注意。酒精能暂时使我们逃避问题和烦恼，然而由酒精而激发的那点轻松感和自信是很肤浅的，问题仍然潜伏在表面之下，在暗中蔓延滋生，最终必将爆发出来，带来更深的抑郁，将比以往任何一次更加难以对付。

过度的节食会使人们心情烦躁、抑郁、疲倦和虚弱。在我们的社会中，妇女普遍希望自己的体重和体形得到控制，因而控制她们的饮食。然而她们往往把自尊心和体形外貌乃至节食过于紧密地联系在一起了。

运动能防止抑郁症的发作，有助于增强体力。它也能较快地提高情绪，短时间地缓冲抑郁。

方法6：时间会治愈。情绪的自然规律是唤起——增强——减弱，消极情绪在经过一段时间后会逐渐减弱，因此要让抑郁者知道目前的状态不是永远的，不要成为消极情绪的奴隶，可以从做些实事开始带动心境的转变，例如进行体育锻炼，培养兴趣爱好，像唱歌跳舞、琴棋书画等。每个人都需要心理医生，但是并不意味着自己有精神方面的疾病。

第四节　摆脱阴云笼罩的生活

焦虑是一种令人心烦的情绪状态。“焦虑”和“恐惧”不同，“恐惧”是有具体对象的，“焦虑”却是弥散的。“恐惧”像狂风暴雨，“焦虑”却像一团浓雾，它影响着你全部的感觉，可你抓不着它。在焦虑状态中，我们会感到不舒服，好像受到威胁、不自在、不堪忍受、无法做出反应、丧失了自主性。任何人都不可避免地有焦虑的时候，竞争的压力随着社会的进步日益加大，焦虑症患者也日益增加。危机感是寻求突破的表现，适度的焦虑感，可以让人具有生机和活力，但过度焦虑容易引起焦虑症，影响人们的身心健康。

焦虑情绪普遍存在于每个人的生活中。上台演讲或表演节目时，有的人会手脚发抖，头脑发晕，说话结结巴巴，见异性、领导或陌生人时，有的人会紧张不安，心跳加快，脸部发红……所有这些表现，都可以视为一种焦虑反应。在日常生活中，当面临应急或危险时，我们每一个人都会感到担忧、害怕或焦虑。它表现为由于担忧、牵挂等而产生不安。

在大多数情况下，这些情绪反应是正常的，如果反应过分强烈，或体验到与事实不相符合的反应时，就可能产生危害。当你出现上面提到的反应，或者经常无缘无故地出现无明确对象或无固定内容的紧张害怕，提心吊胆，就可能患了焦虑障碍。焦虑障碍则需进行专业的治疗。

正常人在面对困难或有危险的任务，预感将要发生不利的情况或危险时，都可能产生焦虑（一种没有明确原因的、令人不愉快的紧张状态），这种焦虑通常并不构成疾病，是一种正常的心理状态。焦虑并不是坏事，焦虑往往能够促使你鼓起勇气和力量，去应付即将发生的危机（或者说焦虑是一种积极应急的本能）。

焦虑是一种复合性情绪状态，包括焦虑反应、过度焦虑和焦虑症等三个由轻到重的层次。焦虑反应是人们对一些即将来临的紧张事件进行适应时，在主观上产生的紧张、不安、着急等期待性情绪状态；焦虑症是神经症的一种，主要特点是紧张、不安等症状比较严重，但对产生这些不适的原因不很明确。考试焦虑介于两者之间，属于过度焦虑，其特点是焦虑已明显地影响正常学习和生活，但患者对引起焦虑的原因十分明确，考试一旦解除，多数人能迅速恢复。

面对焦虑，可以采取以下几种策略：

方法1：深呼吸和放松技术。长期处于焦虑状态时，会出现心慌、呼吸加快、肌肉紧张、头部不适、四肢发抖等不适反应，通过深呼吸和放松技术，可以减轻这些不适反应。

正确的深呼吸方式要点是：保持一种缓慢均匀的呼吸频率，将空气深吸入全肺，然后缓慢地全部呼出来。注意，吸气时应让你的胃部鼓起来，这表示你已用全肺吸气。放松技术主要采用渐进性肌肉放松法，通过全身主要肌肉收缩——放松的反复交替训练，使人体验到紧张和放松的不同感觉，从而更好地认识紧张反应，最后达到心身放松的目的，并能够对身体各个器官的功能起到调整作用。

方法2：挑战忧虑性思维。心理认知理论认为，各种片面或错误的想法将导致忧虑的恶性循环，使焦虑不断升级。

挑战忧虑思维是通过减少忧虑性思维的负面作用，来阻止焦虑不断升级。这一策略有三个步骤：①识别忧虑性思维；②挑战忧虑性思维；③寻找合理的思维方式代替忧虑性思维。

方法3：逐级暴露法。对于自己感到害怕或焦虑的目标采取逃避、拖延等其他行为，将导致担忧、害怕和焦虑继续存在。

面对感到害怕的对象而不再逃避，帮助你逐步恢复你所逃避的活动，这是战胜焦虑的最佳方法。面对使自己害怕的目标或情景，应按自身的实际情况，先识别引发害怕的情景，把每个情景分解成可达到的若干小目标，然后循序渐进，以求达到最终适应这个情景的目标。

从名博莱奥·巴波塔在其网站Zenhabits上的文章《Survive and Thrive：How to Transform Anxiety into Inspiration》中，我们可以学到四个变焦虑为灵感的方法。文中介绍了四个方法：

1. 简化你的生活

生活简单化就意味着要我们注意所花的钱、时间和精力、方方面面、大大小小的事情，然后再采取措施去控制浪费。根据专家们的一些建议，尽量避免生活中发生争吵以便有更多的时间来娱乐。

你买的每一件财产都需要照管。每一把椅子，一件外套，不用的自行车，烛台，都要打扫、照管、贮存和修理。把你从不用的财产中摆脱出来会节省很多时间。要想克服囤积者内心的呼唤，“我也许需要这个。”史密斯大学心理学家兰迪·奥·弗罗斯特建议要反驳自己说：“我决不使用这把难看的雨伞。新伞仅需6美元。”或者“是的，也许哪一天还需要剩下的墙纸，但我有必要为了某一天也许用得着就把一切都留下吗？如果这样的话，也许我该租一个仓库了”。

从一个抽屉，一个架子做起。如果它坏了，或者修理或者扔掉；如果它确实不合适了，修理一下或把它送人，只要养成一种好习惯就能避免散乱物越聚越多。“我们大部分人都被教导要节俭，而不是珍惜时间。结果是：我们也许没考虑为了节省几便士，浪费了多少无法挽回的光阴。”当邻居五金店的老板能马上拿给你要买的画框时，你是否还值得在大的打折市场走来走去。当只需一点外卖费就可送货上门时，你是否还要排队等候外卖食品。不是让你放弃“我负担不起”的想法，而是让你三思是否值得去做。

通过一些正确的途径来简化你的生活。虽然并不能一夜之间改变，但是的确可以让你在长期生活中减少焦虑。

2. 写下所有事情

脑子里记着太多的事情与想法会导致焦虑。一个很简单的做法就是将那些想法、数据、日程表记录下来，这样你就会清空释放你的记忆。买一个简单的随身可以携带的记事本，或者买一个可以记录日程或想法的手机。

3. 学会放松

焦虑的身体会时刻紧绷，它需要休息和放松。有一个很好的放松与催眠的音频，由JonRhodes创作，焦虑的时候可以拿来听听。

4. 练习冥想

如果你真的想改变焦虑带来的不良精神状态，尝试冥想，它真的很有用。

第五节　直面内心的恐惧

14岁的小祁到一家游泳池游泳，还没下泳池就昏倒在旁。是体虚？还是中暑了？大家围上前关切询问。缓过劲来的小祁一脸歉意，连说是看到泳池里密密麻麻的人，像下饺子似的，头也发麻了，一时眼前发黑。小祁到医院体检，排除了低血糖、脑缺氧、高血压等相关疾病。而是“密集恐惧症”造成的。

人们会对密集物体产生本能的恐惧心理，类似于有人恐高，有人害怕尖锐物体等。轻度的可以通过慢慢从轻到重的熟悉尝试来克制，重度的会造成心理不适，精神紧张，产生过敏反应。此类患者多半敏感多疑、受暗示性强、害怕受到伤害、有完美主义倾向等，这些人格特质是导致恐惧症的深层次心理原因，与缺乏安全感和不自信有很大关系。这类人如有不适反应，尤需注意自我保护。

目前网络上流传的最多的不是社交恐怖和幽闭症，而是密集物体恐惧症，这是因为一些网络图片在传播过程中，引发人们的这种感觉，于是很多人深有同感，进而疯狂转发。

密集物体恐惧症（Trypophobia）其真正恐惧的原因是将密集物体跟人类或者其他生物体联系起来，将不符合正常人体规律的密集物体强加到人类和人体身上，并且网络上的对密集物体的恐惧症加重了此类恐惧的发展与传播。所谓的莲蓬图正是利用这一点吓到不少人，图片本身并不恶心，只是一种心理反应而已，类似于有人有恐高症，有人有尖锐物体恐惧症等。轻度的可以通过慢慢从轻到重的熟悉尝试面对法克制，重度的就要看医生了，它会造成人的心理不适，精神紧张，重要的是看见周围类似的物体就会产生过敏反应。

心理学上五花八门的各种恐惧症，诸如幽室恐惧症、蜘蛛恐惧症、广场恐惧症、蛇恐惧症、蟑螂恐惧症、老鼠恐惧症、彩票中大奖恐惧症等，都是由于当事人在玩“替罪羊”的心理游戏，将自己真正的恐惧置换成这些象征性的物质。

每个人都有他（她）所惧怕的事情或情景。在生活中，恐惧并非没有它的积极作用，对某些事物或情景合情合理的恐惧，可使人们更加小心谨慎，有意识地避开有害、有危险的事物或情景，以更好地保护自己，避免遭受挫折、失败和意外事故。但过分的恐惧则是一种消极的情绪，它总是和紧张、焦虑、苦恼相伴随，使人的精神经常处于高度紧张状态，必然损害人的身体健康，严重影响个人的学习、工作、事业和前途。一个人为了自己的健康和进步，必须下大决心，鼓足勇气，努力战胜自己不健康的恐惧心理。

对真正的问题不能面对，于是置换了恐惧的内容，这样面对起来，就容易多了。一个女子和她的妈妈走过一座桥，突然间，她在桥上感觉到恐惧，从此以后就得了“桥梁恐惧症”，再也不敢走在桥上。“她之所以在那一刻发展成桥梁恐惧症，表面上看是她在一刹那间出现了一种恐惧，担心自己走在桥上会掉下去，从此以后就有了这种恐惧。实际上，在深入和她探讨那一刹那的所有感受后，这位女子回想起来，在担心自己走在桥上会掉下去那种恐惧产生前，她突然产生了一个‘十恶不赦’的念头———‘我想把妈妈推下桥淹死。’”从此，这个一闪而过的“第一念头”被她完全压制住了，以至于自己也很难想起。

很多情形下，我们对自己的第一念头都没有觉察，或者说我们都是将第一念头压抑到潜意识中了，而以为自己意识上的想法是第一时间出现的。这就是所谓的幽闭恐惧症产生的真正原因。

行为主义疗法治疗这种恐惧症的形式有两种：一种是暴露疗法；另一种是系统脱敏疗法。暴露疗法就是一下子将恐惧症患者暴露在他（她）恐惧的事物中，比如将其一下子带入密闭、狭小的空间里，而系统脱敏疗法则遵循循序渐进原则，按照患者恐惧的程度级别分级，将其带入其中，比如从恐惧感最弱的公车开始，到恐惧级别最高的电梯，逐渐锻炼患者心理承受力。从精神分析疗法来看，暴露不能解决问题，而将患者带入幽室中体验，通过与心理咨询师的反复探讨、交流，最终在这个环境中发现自己最初恐惧的“第一念头”，比如说恐惧的不是幽室本身，而是压抑了自己对父母的极度愤怒，并恐惧这种对父母的愤怒会带来更多的灾难。幽闭空间恐惧症所真正恐惧的往往是指向童年的经历留下的阴影。对幽室的恐惧不是真实的恐惧，而是这之后的令人恐惧的事实。

恐惧症的自我调整可以这样进行：

1. 接纳自我，树立自信

很多社交恐惧症患者，就是因为接纳不了自己、对自己不自信造成的，所以，要改变首先就得在心里接受和悦纳自己，树立起对自我的信心。

2. 不要过于追求完美

过于追求完美，对自己要求过高，就容易患得患失，太在意别人对自己的看法，一心想要得到别人的承认，从而迷失自己。接受自己的现况，不要去管别人怎么看，你越害怕出错，就越会感到手足无措。没有人是十全十美的，所以不要过高地要求自己，要正确认识自己，不管是优点还是缺点。

3. 别在意自己的形象

紧张总是伴随着一系列的身体上的不适，根据强化理论，如果紧张时我们太在意自己的身体某些部位的紧张反应，就相当于在强化自己的紧张行为，使其一步一步加重。而当我们不去管自己紧张反应的形象时，由于紧张得不到注意和强化，紧张反应就会随着时间的推移而逐渐消退。

4. 勇敢地去面对

有紧张现象的人，在社交场合下，往往会表现出逃避心理，害怕自己会出丑而不去面对。其实，逃避并不能消除紧张，相反，它会使你感到自己的懦弱，使你责备自己，以致下次会更加紧张。而且，我们也不可能逃避一辈子的，我们生活在这个社会上，是必须与人交往的，早晚有一天，我们都必须去面对。

第六节　不要轻易说“必须”

八和8分别在同一条街上的两头闲逛。当八走着走着，发现迎面走来单位的领导。正当他堆起笑脸准备向领导问好时，领导却像没看见他似的，径直朝前方走去。八当下变得惴惴不安，暗自揣测起来：“他怎么故意不理我呀？是不是哪里得罪他了？怎么办呀？怎么办？”越想越急，八冒出了一身冷汗。那一头8也走着走着，也同样看到了这位领导。8转身看看领导，想：“走得那么急，可能是有什么急事吧，或者是没注意到我。”这么一想以后，8就像没事一样继续闲逛。

在现实生活中，我们多多少少都会碰到这样的情况。合理的信念会引起人们对事物适当、适度的情绪和行为反应，而不合理信念则反之。事例中的八受困于不合理信念“领导不打招呼就是漠视”及他对事件的无端揣测和认识偏差，可能自此之后在领导面前甚至工作中都会饱受负面情绪的煎熬。其实，也许那位领导只是像8想的那样没有注意看身边的人，或者他高度近视而忘了戴眼镜。假如八坚持这种不合理信念，长期处于不良的情绪状态中，最终将导致情绪障碍的产生。

心理学家贝克认为，很多时候人们陷入心理困境，并不一定是他们所处的境遇有多么糟糕，而很可能是因为他们错误的思维方式造成了头脑中存在着大量不合理信念，这会给他们的内心制造冲突。贝克认为，人的不合理信念除了自动思维的特点外，还具有以下特征：

1. 个体化

来访者容易把外在的人们的看法下意识地理解成都是“针对自己”的。他们习惯于以“自我”为中心，用主观观点代替对外在环境的客观评判。

2. 极端化思维

来访者往往会有“极端化”思维。他们喜欢根据自己的需要，有选择地采用极端化的观点，武断地对他人的观点进行反驳。这不仅会造成自我与他人之间的矛盾，而且会使其自身在极端化思维中越陷越深。

3. 简单思维

来访者往往会忽视外在环境和社会关系的复杂性。他们喜欢用“单一的”思维制定简单的方法和策略，这使得他们在现实生活中容易碰壁，而这种碰壁又会加深他们对现实生活的畏惧。

美国心理学家艾利斯认为，我们生活中的烦恼，很多情况下是由于我们信念系统中存在着过多的人为规定的“必须”要求所造成的。

艾利斯总结了人们心中常见的“必须”性质的不合理要求：“我必须

被每一个认识的人喜欢”、“我必须有能力，能胜任，在所有有价值的领域成功”、“有些人很坏，他们必须受到严厉的惩罚”、“事情必须按我的愿望发生”、“我必须为我无法控制的事件焦虑”、“我必须依赖一个比自己强的人”、“我必须马上找到问题的解决方法”等等。艾利斯认为，只要减少这些“必须”性质的要求，我们就能获得更多的快乐。

“必须”要求就是不合理信念的一个特征。（在本节最后，会给出不合理信念的三个特征。）艾利斯认为每个人内心深处都潜藏着很多的不合理信念。例如，你在一次非常重要的考试中成绩十分糟糕，然后你就会变得十分焦虑，心情很沮丧，这是为什么呢？这是因为你在不合理信念的驱使之下，认为自己必须每件事都要做得很好。治疗师就会告诉你，失败的确是一件令人不愉快的事情，但是你不应该这么焦虑和沮丧。你希望每件事都做得很完美，这只会导致失望和挫折。就这样在与治疗师的谈话中，你会逐渐暴露出不合理的信念，并进一步被加以纠正，从而达到治疗的目的。

11种不合理信念：（【注释】为改变不合理信念的思考方法）

①每个人绝对要取得周围的人，尤其是生活中，要取得每一位重要人物的喜爱和赞许。

【注释】绝对得到喜爱和赞许，是不现实的，也是不可能做到的。这个不合理的信念，会让人克制自己，设法取悦他人，如果达不到，就会感到失望，沮丧，觉得受到冷落和伤害。

②个人是否有价值，取决于他是否全能，是否在人生的每个环节都有所成就。

【注释】达到全能，是幼稚的幻想。人不可能事事都做得完备，没有全能的人，追求完美，结果只会失败。追求完美，必然求全责备，于是自寻烦恼，自找麻烦，陷入痛苦的泥潭。“金无赤金，人无完人”正是在不完美向尽量完善的过渡中，生活才有滋味。

③世界上有很多人很邪恶。

【注释】生活不是真空的，世界并非黑白两色。人不可能不犯错误，错误有大小，性质有不同，不可不分青红皂白一味痛斥。树敌过多，对人对己对社会均无益。

④如果事情不如己意的时候，感到可怕和可悲。

【注释】事事不可能尽如人意，遇到不如意，就感到可怕和悲惨，好像大难临头，那样的生活太累了，神经肯定受不了。

⑤不愉快的事，总是由于外在环境的因素所致，不是自己所能控制的，因此自身的痛苦和困扰，也无法控制和改变。

【注释】人生不可能避免困苦和挫折，而挫折也是人生的财富，会使生活向前跨一大步。生活需要学习，需要历练和适应。如果不去努力，不去做，只能萎缩。

⑥面对现实中的困难和自我，所承担的责任是件不容易的事情，倒不如逃避他们。

【注释】人对社会的适应能力，是心理健康的一个重要标准。认为自己不能控制自己的，就容易落入不能适应社会的陷阱。能伤害自己的，只有自己和自己的观念。人完全有能力控制自己，适应外界的环境。如果面临艰难，就采取逃避态度，那将一事无成。而且现实是逃避不了的，当逃避的时候，心理承受压力，可能陷入情绪困境。

⑦人们对危险和可怕的事情，应该非常关心，要不断关注和思考，而且还要随时留意它可能再次发生。（焦虑）

【注释】一个头脑清醒的人，对危险的事物是要关注的，以便在危险发生的时候，可以避免危险或者将危险降到最低限度。但是如果过分担忧危险事物的发生，会形成不当的防卫机制，产生负面的自动化思维，限制自己的生活。

⑧人必须依赖别人，特别的是某些比自己强而有力的人，只有这样，才能生活得好一些。

【注释】依赖，源于不自信和不成熟。依赖，往往在相互的关系中附加很多条件，最后形成人生惰性，失去自我。人格的独立，意味着一个人真正成熟。在互相帮助，互相关心中，依然有宽松的空间与亲和的动力，这样才是独立的人格。

⑨一个人过去的经历和事件，常常决定了他目前的行为，而且这种影响是永远难以改变的。（历史不断被自己重写）

【注释】一个人的过去经历，是无法改变的。过去的事会对人生产生影响，但是这种影响完全是可以改变的，关键在于自己要不要改变。过去的不良经验，一旦形成固定模式，就会产生消极态度。如果自己有强烈的愿望想改变自己，总可以找到机会改变的，因为人有主观能动性。

⑩一个人应当关心他人的问题，并为他人的问题而悲伤，难过。

【注释】关心他人，为别人的问题而感到难过悲伤，分担别人的痛苦，这是一种美德。但是过分地为别人的痛苦而悲哀，就会伤害自己，对别人也无积极意义。同时，不能因为别人的过错，惩罚自己。

⑪人生中的每个问题总会有一个精确的答案，若得不到答案，就会痛苦。

【注释】人不是因为事情而困扰，而是被事情的看法所困扰。人生的问题非常广泛，不可能都找得到精确的答案。如果因此感到痛苦，就会失去生活的乐趣。

这11个不合理信念有三个特征：

特征1：绝对化要求。是指人们以自己的意愿为出发点，对某一事物怀有认为其必定会发生或不会发生的信念，它通常与“必须”、“应该”这类字眼连在一起。比如：“我必须获得成功”，“别人必须很好地对待我”，“生活应该是很容易的”等等。怀有这样信念的人极易陷入情绪困扰中，因为客观事物的发生、发展都有其规律，是不以人的意志为转移的。就某个具体的人来说，他不可能在每一件事情上都获得成功；而对于某个个体来说，他周围的人和事物的表现和发展也不可能以他的意志为转移，所以，当某些事物的发生与其对事物的绝对化要求相悖时，他们就会受不了，感到难以接受、难以适应并陷入情绪困扰。合理情绪疗法就是要帮助他们改变这种极端的思维方式，认识其绝对化要求的不合理、不现实之处，帮助他们学会以合理的方法去看待自己和周围的人与事物，以减少他们陷入情绪障碍的可能性。

特征2：过分概括化。这是一种以偏概全、以一概十的不合理思维方式的表现。艾利斯曾说过，过分概括化是不合逻辑的，就好像以一本书的封面来判定其内容的好坏一样。过分概括化的一个方面是人们对其自身的不合理的评价。如当面对失败就是极坏的结果时，往往会认为自己“一无是处”、“一钱不值”、是“废物”等。以自己做的某一件事或某几件事的结果来评价自己整个人、评价自己作为人的价值，其结果常常会导致自责自罪、自卑自弃的心理及焦虑和抑郁情绪的产生。过分概括化的另一个方面是对他人的不合理评价，即别人稍有差错就认为他很坏、一无是处等，这会导致一味地责备他人，以致产生敌意和愤怒等情绪。按照艾利斯的观点来看，以一件事的成败来评价整个人，这无异于一种理智上的法西斯主义。他认为一个人的价值就在于他具有人性，因此他主张不要去评价整体的人，而应代之以评价人的行为、行动和表现。这也正是合理情绪治疗所强调的要点之一。因为在这个世界上，没有一个人可以达到完美无缺的境地，所以每个人都应接受自己和他人是有可能犯错误的。

特征3：糟糕至极。这是一种认为如果一件不好的事发生了，将是非常可怕、非常糟糕，甚至是一场灾难的想法。这将导致个体陷入极端不良的情绪体验，如耻辱、自责自罪、焦虑、悲观、抑郁的恶性循环之中，而难以自拔。糟糕就是不好、坏事了的意思。当一个人讲什么事情都糟透了、糟极了的时候，对他来说往往意味着碰到的是最最坏的事情，是一种灭顶之灾。艾利斯指出这是一种不合理的信念，因为对任何一件事情来说，都有可能发生比之更好的情形，没有任何一件事情可以定义为百分之百糟透了的。当一个人沿着这条思路想下去，认为遇到了百分之百的糟糕的事或比百分之百还糟的事情时，他就是把自己引向了极端的、负面的不良情绪状态之中。糟糕至极常常是与人们对自己、对他人及对周围环境的绝对化要求相联系而出现的，即在人们的绝对化要求中认为的“必须”和“应该”的事情并非像他们所想的那样发生时，他们就会感到无法接受这种现实，因而就会走向极端，认为事情已经糟到了极点。

非常不好的事情确实有可能发生，尽管有很多原因使我们希望不要发生这种事情，但没有任何理由说这些事情绝对不该发生。我们必须努力去接受现实，尽可能去改变这种状况；在不可能时，则要学会在这种状况下生活下去。

可以看出，情绪是自身选择的结果。心理学家米切尔·霍德斯认为：“一些人往往将自己的消极情绪和思想等同于现实本身，其实，我们周围的环境从本质上说是中性的，是我们给它们加上了或积极或消极的价值，问题的关键是你倾向选择哪一种。”

第七节 你的伤心事会说与谁听

心理学家做了这样一个实验：两组实验者用4个月的时间做一项自我训练计划。这两个组的区别是：一个组有家人或朋友这些社会支持，另一组没有这些支持。那些没有社会支持的人中只有76%的人完成了这个计划，其中24%的人在研究结束后的6个月内还保持着这些行为；而有社会支持的一组中有95%的人完成了这个计划，并且67%的人在研究结束后的6个月内还保持着这些行为。

“人”字的结构是相互支撑的，每个人都可能遇到逆境、困境，良好、健康而完备的社会支持系统是我们走出困顿的重要资源。

“社会支持系统”，这个词听起来很抽象，在讨论这个问题之前，让我们先来做两个小小的测验，问问自己：① 如果陷入困境，有多大把握能得到他人广泛、及时而又有效的帮助？② 这些“他人”都包括谁？请将其列出来。

正是以上两点构成了个人所拥有的“社会支持系统”的核心，它具体可感。而且，我们有多少支持系统，在很大程度上决定着我们内心深处的安全感。

社会支持是人与人之间的亲密联系，这种联系在个体面临困难或威胁时，可以为其提供精神上或物质上的帮助，是心理压力与心理障碍的中介因素之一。一个完备的支持系统包括亲人、朋友、同学、同事、邻里、老师、上下级、合作伙伴等等，当然，还应当包括由陌生人组成的各种社会服务机构。每一种系统都承担着不同功能：亲人给我们物质和精神上的帮助，朋友较多承担着情感支持，而同事及合作伙伴则与我们进行业务交流。

社会支持系统，简单来讲就是一种可靠的人际关系。

当发生什么不利事件时，有一个可以完全信赖的人，无论是亲戚、配偶或朋友，是防止抑郁的最重要保证之一。如果你还没有这么一个亲密的可以依靠的人际关系，你的朋友也不能向你提供能帮助你防止抑郁的感情支持，你就应该想办法开始建立这样的支持关系。

建立可靠的人际关系需要时间，需要你自己的努力，不可能一夜就建立成功。虽然似乎有点困难，但你要记住：在生活的任何阶段都可以建立这样的关系。建立可靠的人际关系的过程有很多步骤，下面举一些例子，告诉你怎样着手进行。

步骤1：会见新朋友。寻找一个可以遇到与你具有同样兴趣和爱好的人的地方。

步骤2：建立友谊。友谊是在分享共同经验，特别是共同活动和分享快乐中发展起来的。因此你要考虑你可以和新朋友共同做些什么事情。

步骤3：巩固友谊，保持联系。经常联系有助于你记住对方所关心的事情，从而成为对方的一个忠实的倾听者和热心的谈话者。

步骤4：保持友谊的良好运作状态。在对方情绪正常或低落的时候，寻找表达你对他关怀的方式。当对方遇到困难时，你要尽力帮助。当对方脾气不佳或沉默寡言的时候，你要有耐心。

步骤5：寻求友谊的支持。对于陷入困境的人而言，社会支持犹如雪中送炭，带给我们持久的温暖、安全以及重振生活的信心、勇气和力量。那些与我们分享生活甘苦的人，给我们的生活增添了阳光。他们的存在，提升了我们的幸福感和成就感，使我们的人生变得完满。

当一个人失意时，最需要有人能给他以力量和支持，予以同情和理解。只有获得社会支持，才不会感到空虚和寂寞。

尽管社会支持系统是在现有的社会关系网络中产生的，但是有社会关系网并不一定就有社会支持系统。即使在“亲人”这种天生最为密切的血缘关系中，也有可能得不到支持，更有甚者，还有可能受到致命伤害。

这些话绝不是夸张。如果深入观察你会发现，有些人遇到难处，即便麻烦朋友，也不向家人求助。因为，他从家人那里获得的多半是责备，甚至是奚落。而有的人，宁愿自己吞咽生活的苦果，也不愿向朋友倾诉。因为平时过度的防范和封闭，使他失去了有力的社会支持。

对此需要注意的是，对别人的支持，我们要有感恩的心，要懂得感激和回报。很多时候，一声“谢谢”、一句“要不是你帮我，我当时真不知怎么办好”这样简单的话，就会使助人者心里充满快乐与成就感。

【自测你的支持系统】

①在你的上司当中，你最喜欢谁？

②为完成一个重要的使命，你派谁？

③为商讨新的观念，你找谁？

④郊游消遣，你找谁做伴？

⑤面临严重问题，你会找谁帮忙？

⑥经济拮据时，你向谁开口？

⑦被困孤岛，你巴不得谁在身边？

⑧奉命出国，你把家务托给谁照顾？

⑨倒在病床上，你喜欢谁来照顾？

⑩当你与男朋友或女朋友分手时，或者你的婚姻出现问题时，你会向谁倾诉？

⑪若你与家人吵架，你会找谁倾诉？

⑫当你获得别人称赞或者嘉许时，你会与谁分享？

⑬若你的考试成绩不理想，你会向谁说？

⑭当你在功课上有问题时，你会向谁请教？

⑮若你在事业上要作决定时，会向谁询问意见？

在上面15个问题中，你列出了多少个人？除了家人、恋人，还剩下几个？这些具体的人构成了你的支持系统。

如果是少于3人，你的支持系统很不完善。

如果是3~5人，你的支持系统不太完善。

如果是5~8人，你的支持系统比较完善。

如果是8人以上，你的支持系统非常完善。

第八节　情绪hold了你？

多年前的一个夜晚，一个年轻人心情烦躁地走到悬崖边。他对无聊而平淡的生活失去了信心，感到这样的生活没有任何意义，他厌倦了人世间的艰辛和孤独，决定跳下悬崖了断自己的一生。

他伫立于悬崖边很久，就在决心跳下去的那一刻，突然有隐隐约约的声音传来，他仔细倾听，原来是婴儿稚嫩的啼哭声。

顿时，一种从未有过的激动感从内心深处迸发出来，让他真切地明白若是这么轻易地结束自己的生命，真的是对不住父母的生养之恩、有愧为人之子的道德。于是他改变想法，极力挣脱出诱惑他自杀的死神的魔爪，循着哭声奔去。

从此以后，他非常珍惜自己的生命，发愤读书，拼搏进取，越挫越勇，终成大器，从而造就了人生的辉煌。

而这位决心跳悬崖自杀的年轻人就是后来成为俄国伟大文学家的屠格涅夫。

每个人都有情绪变化周期，这是很正常的，你是否有过这样的体验？当高兴了几天之后，情绪会变得很平淡，甚至会是情绪变得不好。但是我们不能让坏的情绪影响到我们正常的工作和学习，所以学会调控自己的情绪很重要。

“冲动是魔鬼”。很多人知道拿破仑惊心动魄的作战故事，却很少有人知道他最终失势的过程。这个战功赫赫的将军，面对强大敌人的时候，会激起无穷的斗志，但是面对深奥的处世哲学的时候，他却沉不住气，最终葬送了自己的辉煌战果，让所有的努力化为了灰烬。即便在拿破仑得胜的时候，仍有很多反对他的人，其中一位就是外交大臣塔里兰。

拿破仑为了查明真相，派出了很多间谍，结果证实塔里兰确实从事着秘密谋反的活动，为此拿破仑专程从西班牙赶回巴黎。拿破仑抵达巴黎后，立刻召集了所有的大臣。他表现得异常慌乱和不安，旁敲侧击地提到塔里兰的密谋计划。此时的塔里兰却表现得非常镇定，他对拿破仑的言论没有任何反应，反而装作一无所知的样子。

塔里兰的表现激起了拿破仑的愤怒，他当着众臣的面，逼近塔里兰说：“我知道有的人希望我死掉！”塔里兰不动声色，满脸疑惑地看着他。此时的拿破仑已经达到了忍耐的极限，他当着群臣的面，怒斥塔里兰的罪行，他用最难听的语言咒骂塔里兰，愤怒的情绪让拿破仑失去了理智，最终愤然离去。

拿破仑离开后，塔里兰泰然自若地对其他大臣说：“今天我觉得真是遗憾，各位绅士，这样伟大的人物居然会如此没有礼貌。”拿破仑的失态和塔里兰的镇静形成了强烈的对比，这次事件很快就传播开来，拿破仑在人们心目中无往不胜的形象受到了影响，人们开始怀疑这个伟大的人物。

到底该不该合理地控制“冲动”，每个人都有自己的一套看法，无法盖棺定论。但是在职场中，当你被激怒时，当你心怀怨愤等各种负面情绪时，此刻冲动的确是魔鬼，是该让这种情绪冷却一下。只要你是个职场中人，就免不了会遇到很多的人和事。要理智地控制自己的情绪，做自己情绪的主人，保持平和的心境，与同事友好相处。

美国心理学界也在进行相关的“情绪管理”研究。研究表明，能够控制情绪是大多数工作的一项基本要求，尤其在管理、服务行业更是如此。同样，在中国这样一个自古讲究“君子之交”的社会中，学会自我调节，是保持良好人际关系，获取成功的一个重要条件。

很少有人生来就能控制情绪，但日常生活中，人们应该学着去适应。首先，在遇到较强的情绪刺激时，应采取“缓兵之计”，强迫自己冷静下来，迅速分析一下事情的前因后果，再采取行动，尽量别让自己陷入冲动鲁莽、简单轻率的被动局面。比如，当被别人讽刺、嘲笑时，如果立刻生气，反唇相讥，则很可能引起双方争执，伤了和气。但如果此时用沉默为武器以示抗议，或只用寥寥数语正面表达自己受到的伤害，对方反而会感到尴尬。再者，平时最好多读一些中国传统文化的书籍，里面有很多指导人际交往和个人修养的方法。还可以进行一些有针对性的训练，培养自己的耐性，例如练字、绘画等。

1. 注意抱怨的场合

美国的罗宾森教授曾说：“人有时会很自然地改变自己的看法，但是如果有人当众说他错了，他会恼火，更加固执己见，甚至会全心全意地去维护自己的看法。不是那种看法本身多么珍贵，而是他的自尊心受到了威胁。”发泄情绪时，要多利用非正式场合，少使用正式场合，尽量与上司和同事私下交谈，避免公开提意见和表示不满。这样做不仅能给自己留有回旋余地，即使提出的意见出现失误，也不会有损自己在公众心目中的形象，还有利于维护上司的尊严，不至于使别人陷入被动和难堪。

所以，即使受到了极大的委屈，也不要把这些情绪带到工作中来。很多人认为自己是对的，等上司给自己一个“说法”。正常工作被打断了，影响了工作的进度，其他同事对你产生不满，更高一层的上司也会对你形成坏印象，而上司更有理由说你是如何不对了。要改变这么多人对你的看法很难，今后的处境更为不妙。

2. 千万别发怒，冲动是魔鬼

人愤怒的那一个瞬间，智商是零，过一分钟后恢复正常。

唯物主义哲学家培根表示：“冲动，就像地雷，碰到任何东西都一同毁灭。”

如果你怒气冲冲地找上司或什么人表示你对他的安排或做法不满，很可能把他也给惹火了。所以即使感到不公平、不满、委屈，也应当尽量先使自己心平气和下来再说。也许你已积聚了许多不满的情绪，但不能在此时一股脑儿地抖了出来，而应该就事论事地谈问题。过于情绪化将无法清晰地说明你的理由，而且还使得对方误以为你是对他本人而不是对他的安排不满，如此你就应该另寻出路了。

增强理智感，可以使我们遇事多思考，多想想别人，多想想事情的后果，认真对待，慎重处理。当想与人争吵时，也可反复提醒自己：“千万别发怒，要冷静。”这样，就可以遏制情绪冲动，避免不良后果。

3. 学会用升华的方法来控制情绪

所谓升华，也就是将消极的情绪与头脑中的一些闪光点联系起来，将痛苦、烦恼、忧愁等其他不良的情绪，转化为积极而有益的行动。例如，当我们工作业绩不是很理想时，我们可能会情绪低落，但如果我们不甘心落后与失败，能振作精神，奋起直追，这样就把消极情绪转化为积极的行动了。

4. 通过心理换位法来克制情绪

心理换位，即站到对方的角度上想问题，与他人互换角色、位置。俗话说：“将心比心。”通过心理换位，充当别人的角色，来体会别人的情绪与思想，这样就有利于防止不良情绪的产生及消除已产生的不良情绪。

当同事触犯自己时，我们也可以站在同事的角度想一想，可能就会觉得同事的行为情有可原。这样，不良情绪就会减弱，甚至消失了。

大多数成功的人，都能够对情绪收放自如。这时候，情绪已不仅仅是表达情感，更是一种重要的生存智慧。如果无法控制自己的不良情绪，随心所欲，为所欲为，就会给自己带来毁灭性的灾害。若能够很好地控制自己的情绪，就会化险为夷。

第九节　乐观，现实吗？

詹姆斯·斯托克代尔（James Stockdale）是名海军上将，在越南战争期间，是被俘的美军里级别最高的将领。但他没有得到越南的丝毫优待，被拷打了20多次，关押了长达8年。他说："我不知道自己能不能活着出去，还能不能见到自己的妻子和小孩。"但是他在监狱中表现得很坚强。

斯托克代尔被关押8年后放了出来。管理大师吉姆·柯林斯先生去采访他，问："你为什么能熬过这艰难的8年？"斯托克代尔说："因为我有一个信念，相信自己一定能出来，一定能够再见到我的妻子和孩子，这个信念一直支撑着我，使我生存了下来。"

吉姆·柯林斯又问："那你的同伴中最快死去的又是哪些人呢？"他回答说："是那些太乐观的人。"

吉姆·柯林斯说："这不是很矛盾吗？为什么那些乐观的人会死得很快呢？"斯托克代尔说："他们总想着圣诞节可以被放出去了吧？圣诞节没被放出去；就想复活节可以被放出去，复活节没被放出去；就想着感恩节，而后又是圣诞节，结果一个失望接着一个失望，他们逐渐丧失了信心，再加上生存环境的恶劣，于是，他们郁郁而终。”

斯托克代尔说：“对长远我有一个很强的信念，相信自己一定能够活着出去，一定能再见到我的妻子和小孩；但是我又正视现实的残酷。”

这就是斯托克代尔悖论。一定要记住，不管在人生中遭受什么样的打击，不管你处在怎样的逆境，你都要保持一种必胜的信念，对前途充满信心；但是现实生活又是很复杂、很残酷的，你要能够直面它。这就是现实的乐观主义。

积极心理学之父马丁·塞利格曼（Martin Seligman）做了一些有关乐观主义和悲观主义的研究。他发现，就目标设定而言，悲观主义者不论在他们的短期目标，还是长期目标上都很现实。乐观主义者与之相反。在他们的短期目标设定上并不现实，但对于他们的长期目标就很现实。

悲观主义者，他们有某个目标，他们的期望低，信念不高。他们不认为自己能做好，积极性低，他们的大脑寻求一致，他们的表现通常取决于他们的信念和期望。他们的理解是，我早就跟你说了我做不好，于是其他人都异口同声说是的，你早就跟我们这么说了，你这样现实真是好啊。但有时悲观主义者超出了自身的期望，取得了成功，那么又会怎么样呢？这时的解释是，只是走运而已。于是，大脑在寻求一致，一次又一次地重复这个循环。然后再一次变得现实，不成功的现实，于是他们在短期目标上，同样也在长期目标上很现实。

乐观主义者一开始有着很高的信念，很高的期望，积极性非常高，他们的大脑寻求一致性表现，没期望中的那么好。换言之就是，不现实，但是由于信念水平很高，他们的解释是：“好吧，如果我从中吸取教训了会怎么样？这是个机会，我这次其实做得有进步了。”他们依然保持着很高的信念，很高的期望，积极性很高，大脑寻求积极性，他们的表现依然不好，没有他们所期望的那么好，不现实。但解释依然是，“如果我从中吸取教训了会怎么样？我这次做得好多了，我指出了哪些方法是不可行的”，然后他们继续，但外界的声音就会争吵说“不是吧，真的么，你为什么就不能现实点，像你的好兄弟或者好姐妹，悲观主义者那样”。

但是他们相信他们能做到，于是一次又一次地继续坚持，继续努力工作，5次，10次，有时5000次，甚至10000次，久而久之，直到他们带来了“不现实的现实”并让它成真，和他们的信念相一致了，所以即使在短期看来，与现实可能不一致。

爱迪生于19世纪70年代，与科学界都在研究灯泡。如何用电发光，整个科学界都在研究这一课题，但一无所获，爱迪生也不例外。当地报纸的一名记者，前去采访爱迪生，他当时已经非常有名了，发明了很多东西，他们先谈了各种话题，然后开始讲灯泡问题，那个记者对爱迪生说“爱迪生先生，您致力于灯泡研究许多年了，整个科学界都在进行相同的研究，但毫无所获”。当时爱迪生已经进行了5000次实验，这位记者也知道，于是他对爱迪生说“爱迪生先生，您已经进行了5000次实验，失败了5000次，放弃吧”。爱迪生回答“我没有失败5000次，是成功了5000次，我成功证明了哪些方法行不通”。同样的客观现实，表现5000次失败，但却有完全不同的解读。爱迪生在发明灯泡前就宣布，他将在1879年12月31日，展示灯泡，这是在他发明灯泡前，1879年12月31日，爱迪生向世界展示了，用电发光。

事实上，爱迪生失败了不止5000次，才最终发明了灯泡，他不是干坐在实验室说“相信就能做到”，而是“我相信，而且我会加倍努力，满怀斗志地工作”，他的一条名言是“我从失败走向成功”。爱迪生是历史上最富创造力最多产的科学家，他一生申请了1097项专利，当今世界的发展，大半要归功于他。历史上最成功最富创造力的科学家，也是失败次数最多的科学家，这并不是巧合。

1962年，肯尼迪总统说，60年代末人类将踏上月球，那时我们连登月的物质条件、科学技术都还不具备，他向全世界放话说，人类能踏上月球，然后研究人员创造了现实，这与大量的辛勤工作是分不开的。

第十节　坐直了就会开心点

情绪是人内心深处的原始反馈，是直接与动物性的生存、繁衍需求相关的神经系统反应。人如果没有情绪，就是机器人；人如果全部都由情绪主导，就是低级动物。每个人都会有情绪。同样一种刺激，1000个人会有1000种情绪反应（没反应也算一种）；另一方面，每个人也都会有关心则乱的刺激源。

很多人都知道情绪会影响动作，但是否知道动作对情绪也有影响作用呢？心理学上有一种理论，叫做“情绪的动作反馈”。举一个例子，如果你的行为散发的是快乐，就不可能在心理上保持忧郁。体会了其中的真谛你的人生将会充满快乐。

身体四肢的运用往往会决定我们对各种事物的不同感受，即使是我们脸部极小的表情变化，或一个不为人察觉的小动作，都会影响到我们的感受，因而产生不同的想法和做法，最终便影响了我们人生的变化。

我们不妨作个小小的练习，看看动作对我们的情绪会有多大影响。你先假装是个严肃且呆板的乐团指挥，手臂正一前一后地晃动着，做这个动作时要很慢很慢，千万不可用劲，同时脸部作出十分困倦的样子，这时你有什么样的感觉呢？

好了，现在我们换另外一种动作，请你把双掌用力地合拍两下，脸上堆满极为高兴的笑容，并且大声地喊些能鼓舞士气的叫声，这时你的感觉是不是一下子便跟先前不一样了呢？

的确，当你快速地作出一些动作，借着身子和声带，你的感觉很快便会改变。

糟糕的情绪是大脑对外部刺激的反应。要改善情绪就得改变刺激源。心情不好时，不妨尝试以下几个“心理假动作”，可让情绪变好。

1. 坐直了就会开心点

心理学家威廉詹姆斯提到：“如果你不开心，那么，能变得开心的一个很好的办法是开心地坐直身体，并装作很开心的样子说话及行动。”

2. 强装笑脸

在心情抑郁、心理压力大或生气的时候，强装笑脸有助于释放不良情绪，有益身心。

3. 收拾房间

凌乱不堪的房间或办公室会令人心神不安。因此，将房间收拾整齐能改善不良情绪。比如，让地板上散落的物件各就各位，将桌子上的东西收拾干净，把被子叠整齐。

4. 穿蓝色衬衫

蓝色是一种天然的心情“放松剂”，这正是“仰望蓝色天空，心情倍感轻松”的真正原因。相比之下，橙色刺激性最强，黑色容易激起怒气，红色虽然可以提升人的体内能量，却容易令人不安。

5. 哼哼歌

唱歌是改善心情的最简单方法。因为唱歌可调整呼吸，使整个身体都随着节奏运动。不管是自己哼唱或是与朋友同唱，哪怕只是静静地倾听，都有助于放松身心。

6. 要想心情好，关键吃得巧

比如，苦甜两种味道结合（在咖啡中加点橙汁），或者软硬食材结合（爆米花和坚果同吃）等，都能够给味蕾带来新鲜感，进而改善心情。类似的食物还有中餐里的糖醋排骨、糖醋鸡块等。

7. 闻闻柠檬香

美国俄亥俄州立大学最新研究证实，柠檬香味具有去忧、安神和止痛作用。研究发现，柠檬香确实能提升好心情，闻柠檬味可使血液中的能量激素“去甲肾上腺素”（旧称“正肾上腺素”）的浓度增加。

8. 与宠物亲密接触

多项研究证明，抚摸猫狗等动物有助于降低血压和平稳心率，进而降低心脏病等病症的发病几率。英国贝尔法斯特女王大学人类与动物关系研究专家、心理学教授德伯拉·威尔斯指出，人与动物亲密接触，具有惊人的安抚效应，有助于人体缓解自身压力。

第二章

掌控好自己的生活

- 赌博成瘾
- 酒精依赖
- 网络成瘾
- 购物依赖

第一节　赌博成瘾

瑞典的世界乒坛常青树瓦尔德内尔在接受记者采访时承认，自己是一个间歇性赌徒。他不仅把自己靠打乒乓球挣来的钱差不多都输光了，而且还借债赌钱。

十几年前，“老瓦”在接受采访时表示，自己在20多年前就已经发现自己赌博上了瘾，但总是无法克制，并还越陷越深，赌瘾越来越大。他戒赌过一段时间，但后来却忍不住，又开始赌起来。半年前，他不得不开始接受瑞典一名很有经验的治疗学家的治疗。

瓦尔德内尔主要赌的是瑞典开设的各种体育彩票。此外，他1990年代在德国乒乓球俱乐部打球时还经常到赌场去赌。据他自己估算，他至少赌输了500万瑞典克朗（1克朗约合1元人民币）。最厉害时，他一天要输掉两三万克朗。

小赵1996年大学本科毕业，在广州工作了4年后，转到深圳一家房地产企业发展，任建筑工程师，收入不菲，很快就在龙岗布吉置下了房产。小赵的太太在一家外贸公司上班，收入也很可观，由于是两个白领的“强强结合”，小日子过得非常宽松滋润。安逸的生活在小赵的眼里似乎缺乏一种激情，他开始跟朋友出入一些地下赌档，寻找刺激。刚开始时，仅利用周末玩玩，下注也就几百元，输赢并不大。随着浸染的时间变长，下注的金额也渐渐变大，一个晚上输万元成了常事。

习惯了一帆风顺的小赵不甘心自己赌场上的失意，他觉得以他的才干只要一点点运气，就可以将堆在赌桌上的钱赢进自己的腰包。2006年2月的一个晚上，他拿出全部积蓄来到一家地下赌档玩俄罗斯转盘，当天晚上运气丝毫没有眷顾他，小赵带来的10多万元现金悉数流进了庄家的腰包。天亮时，庄家拿出100元钱，让身无分文的小赵打车回家休息。“这个时候，如果我能够及时收手，我想我还能过上正常、安逸的生活！”小赵说，他一次又一次下决心戒赌，但一到了空闲的时候一碰到那些赌友，他满脑子想的只有怎么翻本，他也曾经历一个晚上赢过1万多元的战绩，他觉得需要的是更大的赌本和一丁点运气。但是上哪去筹更大的赌本呢?

经过反复权衡，小赵不顾太太的反对，坚决把房子给卖了。有了几十万元现金在手，小赵出入地下赌档的次数愈加频繁。然而，人的精力毕竟有限，沉迷赌博的他已经没有心思应对工作，地产公司的领导多次找他谈话，了解他的近况和困难，小赵当然没敢说出实情。2006年12月中下旬，小赵拿出仅有的2万余元现金来到宝安流塘一家地下赌档，他在那里连玩了7天7夜，输得一干二净。没有了房子，妻子提出了离婚要求并回到了娘家，公司把他作为自动离职处理，连遭打击的小赵四处流浪，他选择了跳湖来结束这一切。冬天的湖水冷得刺骨，小赵泡在湖水中，他猛然想起1岁多的儿子。小赵自己从湖里爬了起来，他决定重新做人。

“太太早就发现我滥赌了，她不止一次告诉我，输钱没有关系，只要戒了，一切可以重新再来，太太给了我很多次机会，但我从没有珍惜。”小赵说。太太多次提出离婚未果后，终于只身回了娘家。小赵觉得对不住太太，这些年来，他没有拿一分钱回家，养家的重任全落在太太身上，对于她的离去，他惟有自责。

赌博形态一般可分为三种：一是娱乐性赌博，只带一定数目，通常是少量的钱偶尔进进赌场，在赌的同时观看娱乐表演，对输赢不会太在意，也不会特别记挂，不会影响日常生活；二是职业性赌博，这是把赌博当成是生意来经营，对赌场了如指掌，十分不受赌场欢迎的职业赌家就属此类；三是病态性赌博，特点是持续反复不知节制的赌博行为，造成个人作息、家庭生活和职业人际的重大损害。

病态性赌博就是俗语所谓的“赌博上瘾”，是赌客对自己的赌博行为已经失去控制。1980年，美国心理学会正式认定赌博成瘾是一种冲动控制的行为失调，并且将它与其他成瘾归为同类。病态性赌博是一种渐进式的行为失调，与其他瘾癖一样，一旦染上，就会渐渐失去自制能力。

生理原因

从行为科学上来说，快感的获得就是得到了希望得到的事物（精神或者物质），从而产生一种欢愉的感觉。从生理上来说，快感是大脑分泌的一种奇妙的化学物质产生的，这种物质叫“内啡肽”，它和吗啡的结构相似，但它比吗啡的作用还要强得多，我们可以将“内啡肽”理解为快感的根源。研究显示，长时间赌博会使大脑中的多巴胺水平升高，这种类似肾上腺素的化学物质令人呈现短时间的高度兴奋。

多巴胺会带给人欣快的感受，很多人都会多次重复那种与欣快感觉相联系的行为。赌博恰恰触到了大脑中释放多巴胺的那根“筋”。为了寻找赌博和神经介质释放之间关系的直接证据，瑞士科学家用猴子实验来模拟人类赌博行为。

实验前，科学家给猴子大脑装上电极。这些电极可以随时记录猴子大脑内特定神经细胞放电的情况。哪些神经细胞放电就说明这些细胞正在释放神经介质。在这项实验中，如果释放多巴胺的神经细胞放电猛增，就说明猴子已经找到了感觉。实验时，猴子面前设置的计算机屏幕上可以显出五种不同的图案。每当某种特定图案出现时，猴子就有机会得到一口果汁奖励。

记录发现，如果一种图案让猴子根本猜不到下一步的图案是什么以及能否得到果汁奖励时，它们分泌多巴胺的神经细胞放电活动最频繁，猴子也因此目不转睛地盯着计算机屏幕。相反，如果某一特定图案表示下面肯定有奖或肯定无奖时，它们的神经细胞就不会产生太强的兴奋。说明期待和猜测渴望得到的结果最能激发神经细胞兴奋，使多巴胺释放。

这项研究提示人们，赌徒之所以不断回头，主要缘于对下注之后、结果未卜的刺激追求。赌博具有难以自制的成瘾性，使人为了一时的快乐丧失理智，甚至不惜以倾家荡产为代价。

基于以上的发现，美国加州大学洛杉矶分校“赌博研究项目”的心理学家蒂莫西认为，赌博成瘾是一种大脑疾病。科学家借助最新的神经成像技术显示，赌博上瘾者的大脑额叶部有不同程度的损伤，这影响了神经传递素多巴胺和肾上腺素的分泌。多巴胺分泌和肾上腺素分泌过量都会使人容易对赌博（或者其他的行为）上瘾，削弱人体的自制力。

这种大脑神经系统疾病是天生所致还是由于长期赌博造成对大脑的伤害，目前还没有最后定论。

心理因素

美国麻省总医院汉斯·布雷特用功能性磁共振影像对正常男性在轮盘赌中的反应做大脑扫描图，结果发现赌徒大脑中富含多巴胺区域的血流增多，显示该中枢神经产生了兴奋或抑制。沉溺赌博不能自拔已是一种病态行为，用心理学家的话来说，这是一种“病理性赌博”，或叫“强迫性赌博”。其本人总感到有一股力量推动自己去赌博，不赌博会感到身心不舒服。赌博成瘾和吸毒成瘾一样，很难戒断。常见报道，某人为了戒赌，剁下自己的手指表示痛改前非的决心，可伤口未愈，竟又现身于赌场，可见赌博“心瘾”之顽。心理学家认为，赌瘾是仅次于毒瘾的心理疾患。其实，欧盟的心理学家早把赌徒列入“心瘾病人”行列，需要接受专业心理治疗。

参赌者否认事物两性均衡的客观存在，主观上过于相信自己的判断，潜意识中总相信自己会多赢输少，或者输了肯定会赢。这种心理错觉，是把“客观概率”消融在“主观概率”中，即判断事物时倾向于有利于己的低概率而否认不利于己的真实概率。如果他们在寺庙中去打卦，连续十次都是阳卦，他肯定相信第十一次是阴卦。而事实上这次或以后的许多次，仍然可能是阳卦。因为，客观概率中的阴阳卦各占一半，并不受先前结果的制约和影响。正是这种“概率错位”心理，才会促之赌红眼，赌上身家性命。

易感人群

赌徒会面临较多的婚姻、家庭和就业问题，虐待配偶、将妻子押作赌注的事例常有发生。青少年赌徒的家庭环境不良，父母多有分居、离异史，教育态度矛盾，教育方式粗暴，或父母也是赌博者和酒瘾者。病理性赌博者通常在青春期早期开始赌博，受教育程度低，从小对学业不感兴趣，与父母关系不融洽，其心理特征是智力好，傲慢，过于自信，极其乐观好动，缺乏耐心，富有竞争心，喜欢追逐钱财。

赌博是以某种简单方便或带有娱乐性的方式，使参与者的财富做重新分配。持有寻求刺激心理者、好奇消遣心理者、投机取巧心理者，最可能与赌博一拍即合，逐渐上瘾，成瘾难戒。

相关问卷：

你有赌瘾吗？如果你对下面任何一个问题的回答都是“是”，那么你可能需要需求帮助了。

①赌博已经给你的家庭生活造成了不愉快吗？

②赌博已经妨碍到你的工作和（或）学习了吗？

③你会因为想着赌博而失眠吗？

④你会用收入或积蓄去赌博，而不去支付罚单或账单吗？

⑤你有戒赌失败的经验吗？

⑥你会借钱赌博吗？

⑦你会因为赌博而感到沮丧或想自杀吗？

⑧你通过赌博赚来的钱来解决财政问题吗？

⑨当你感到愤怒或失望时，赌博会令你感到好过一些吗？

⑩ 你因为赌博而撒过谎吗？

如何摆脱

如今有一种广泛应用于临床治疗“酒瘾”的药物环丙甲羟二氢吗啡酮，它能有效抑制多巴胺的产生，这种药物可能对治疗赌博上瘾有作用。另外，各种抗抑郁药品对治疗赌博上瘾也有一定的功效。但滥用这些药物容易使他们产生新的依赖。所以，药物治疗只能是一种辅助治疗。

美国明尼苏达大学医学院精神病学家萨克·吉姆发现，赌徒的大脑中会发生类似吸毒成瘾者大脑内的变化。对吸毒成瘾者使用阻断药物成瘾的药物，可以缓解或阻止成瘾者对毒品的需求，这也是戒毒的原理。赌瘾也是一种心理疾患，而且是仅次于毒瘾的心理疾患。

单纯用药物效果不佳，一些精神科门诊常给他们开抗精神病药、镇定安眠药，它们有一定的副作用，使得患者服药的依从性很差，而长期应用还有药物成瘾的风险。赌博成瘾若单纯用心理治疗，效果也很差——赌瘾发作的时候跟他们谈心，根本听不进去。

最好的效果是三管齐下：

①药物治疗：不用抗精神病药，只用药物控制冲动，改善情绪，为心理治疗打基础。

②心理治疗：给成瘾者做个体辅导+家庭治疗。个体辅导要打破成瘾者希望在赌桌上发财的幻想。家庭治疗值得重视，因为其家庭关系本来很可能有问题，成瘾后又受到进一步的破坏，家属走进治疗室有利于重塑家庭关系。

③社会支持：戒除赌瘾的人回归社会，找不到工作就容易重蹈覆辙，因此需要社会给予他们重新做人的机会。

第二节 酒精依赖

晋代有个名叫刘伶的人，崇尚老庄，放情肆志，嗜酒为命，著有《酒德颂》流传后世。

刘伶出门的时候，总是随身携带一壶酒，并叫一个人扛着铁锹跟在身后，他说：“我要是死了，你挖点土把我埋掉。”他常常在外面醉得东倒西歪，像一摊烂泥。进到屋里，他喝得浑身发热，就脱光衣服，还不关门。别人进屋，看他光着屁股在那里喝，难免要说他两句。他倒好，反倒指责人家说：“我把天地看作自己的家，把房屋当做自己的裤子，你们为什么要钻我裤裆？”

刘伶老婆气得把家中的酒器摔的摔，砸的砸，哭着说：“这样下去日子怎么过？我求求你，一定要戒掉它！”刘伶说：“好，好，我自己控制不住，只有祈求鬼神帮忙。让我向鬼神发个誓，你给我搞点酒肉来供奉鬼神。”老婆听了便拿来酒肉，供奉到鬼神牌位前。刘伶向鬼神牌位拜了几拜，说：“老天爷生下我刘伶，把酒看作生命。一喝就是一斛，喝过五斗神志才清。我老婆所讲的话，您千千万万不能听！”然后抓起供奉鬼神的肉，拿起供奉鬼神的酒，一边吃一边喝，一会就不省人事了。

老巴是哈萨克族人，老家在新疆，今年44岁的他已有近30年的饮酒史。民族和地域造就了他身材魁梧、性格豪爽的特点，从小大块吃肉、大口喝酒的生活习惯更使老巴拥有非凡的酒量，一顿饭喝一斤高度白酒根本不在话下，这也让他在生意场上游刃有余，事业非常成功。虽然刚过不惑之年，老巴的身体却远没有他的外表看上去那么强悍。近五年来，每天早晨起床他的手都颤得厉害，必须喝点酒才能稍稍缓解，记性变得很差，经常丢东西，脾气更是让人捉摸不定，动不动就大发雷霆。尤其是不喝酒时，他就开始坐立不安、紧张焦虑甚至大汗淋漓。家人觉得他生意上压力大，喝点酒放松放松是应该的，就没太在意。所以，老巴的酒是天天喝、时时喝，和吃饭一点关系都没有，一天下来少则一瓶，多则两瓶。

最近两天，老巴谈成了一桩大生意，得去趟北京，因为他不坐飞机，所以，秘书只能陪他一起坐火车，开始了三天两夜的出差之旅。这几天，老巴身体特别不舒服，胃痛，还有点恶心。火车上空气不好，他一直昏昏欲睡，吃得很少，酒更是一点都没喝。旅行的最后一天，老巴觉得越来越难受了，之前手颤的老毛病变得重起来，颤得让他觉得都快抽筋了，而且不停地出汗，他觉得特别渴，喝了很多水却一点都不解渴。列车快到站时，老巴开始呕吐，后来出现了更严重的情况——突然倒在地上不省人事，全身抽搐，并且把舌头都咬伤了。持续了几分钟后，老巴开始胡言乱语，说包厢里都是小黑虫子，大喊大叫并要砸车窗。秘书吓坏了，赶快通知列车长，来了五六个乘务员才一起把老巴按在铺位上。到站后，老巴被送上了早已等候在那里的救护车。由于被认为有精神问题，他被送到精神专科医院。

在急诊室里，还没等医生问完情况，老巴就又开始抽搐了，和在火车上一样。医生和护士赶紧上前扶住老巴的肩膀和膝盖，并把一个U形的东西塞到他嘴里，避免他把舌头咬破。医生为其做了很多检查，输液、吸氧、还插了导尿管。第二天，老巴的家人来了，老巴抽搐的症状减少，但神志仍然不清。在抢救室住院5天，医生很高兴地宣布，老巴已经脱离了危险。老巴的家人万分着急，想知道身高1.82米、170多斤、基本没上过医院、办事干脆利索的老巴到底怎么了？是什么病居然要到精神病医院来治疗？医生拿出老巴的化验报告和诊断结果：①伴随谵妄的酒精戒断症状（震颤谵妄）；②症状性癫痫；③酒精依赖；④低钾血症；⑤酒精性肝病、脂肪肝；⑥血小板减少症；⑦慢性胃炎；⑧动脉硬化；⑨舌咬伤。怎么查出这么多病？老巴的家人惊呆了，他的妻子禁不住掉下泪来。老巴诸多病症的核心就是一个——酒。

酒对于患者就像空气对于常人，缺了便会有致命的危险。老巴在火车上近三天没有饮酒，对于平时日饮一两斤的他来说，是致命的。

饮酒历来与人的兴致有关，高兴了喝酒，以酒助兴；烦闷了喝酒，以酒浇愁；闲来无事喝酒，消磨时光。总之，酒的消费因风俗习惯、地理区域、气候条件以及经济状况，在世界各地不尽相同。少量或适量饮酒，可使人愉悦，缓解紧张情绪，减轻焦虑。但是，一部分人经过长期饮酒后，酒量会逐渐增多，出现一系列的临床症状，这就表明已经罹患一种特殊的慢性病——酒精依赖。

症状

我们经常看到一些有酒精依赖的人因为饮酒给自身的健康、和睦的家庭以及工作带来很多不良影响，甚至是在酒后出现一些违法的行为。尽管他们对造成这些后果内疚、后悔，但仍不能彻底停止饮酒。反复戒酒，反复饮，是他们没有出息还是没有毅力呢？都不是，这是因为酒精依赖的一种疾病，而且还是一种不断恶化的疾病，这种疾病像糖尿病、高血压等疾病一样，是无法彻底根除的。但却可以被遏制住。复饮的原因与机体对酒精敏感有关，加上在心理上难以摆脱的强制性饮酒欲望，不管复饮会带来怎样的不良后果，单靠自身的毅力是无法将其克服的。

就像其他疾病一样，会出现一些特征性的临床表现。临床上酒精依赖分为三个阶段：先是喜爱喝酒；接着出现“欲罢不能”阶段；最后是无节制的饮酒，这个过程约需要15 ~ 20年。

一旦对酒精形成依赖后，在突然停止饮酒或骤然减少饮酒量时会出现很多躯体不适症状，这称之为戒酒综合征。为方便起见，有人将戒酒综合征按照出现的时间和严重程度分为三个阶段：

一期戒酒综合征：一般于断酒后6 ~ 12小时出现，表现为双手震颤，重者可累计双侧整个上肢，甚至是躯干。病情严重者还可出现伸舌震颤，除此外还常见厌食、失眠、烦躁等症状。

二期戒酒综合征：出现时间为断酒后24 ~ 72小时，除上述症状外，常出现幻听，内容常为辱骂性或迫害性的，可继发冲动行为，兴奋度相对较轻。

三期戒酒综合征：震颤谵妄，常发生于末次断酒72小时之后，此时病人意识不清，震颤明显并伴有步态不稳，可出现各种生动的幻觉，如看到各种小动物，病人表现紧张、焦虑、恐惧。病人的记忆力明显受损，部分病人可出现癫痫样抽搐。即使在发达国家，一旦发生震颤谵妄，经治疗者总的死亡率仍可达10%～15%，未经治疗者则更高。所以说长期饮酒者不能突然停止饮酒。如果高度怀疑对酒精依赖，应该尽早到专科医院治疗。

当出现手抖、脾气暴躁、萎靡不振、人格改变、不顾家庭、工作能力下降、社会功能减退、性生活停止；另外就是躯体症状：营养不良、消瘦、肝硬化、胃炎、胃溃疡、胆囊炎等，就需要住院治疗了。

易感人群

嗜好饮酒者常常具有家族性，家族中曾有酒精中毒者，其他成员也易发生酒精中毒，并且发生的时间早、症状严重。酒依赖患者子女的嗜酒发生率较正常人高4～5倍。

陷入酒精依赖的人在性格上常常表现为以自我为中心，有强烈的自卑感，缺乏独立能力，经常疑心重重，无法承受压力等，在感情上也不成熟，易导致神经症。而且，就算接受治疗后，其性格倾向仍难以改变，因此可能不久之后又开始喝酒了。

治疗

可以说，酒精依赖是一种“慢性自杀”，此病症不仅使健康受损，连带地甚至会使家庭受到破坏。最近，产生酒精依赖的女性也在迅速增加，因此，要小心这种现象对孩子的影响。

要想彻底消除酒精依赖，只能戒酒。参加戒酒团体与他人一起戒酒，相互鼓励，是最有效的方法。

在心理方面，要想戒掉酗酒的“瘾”患，关键在于自己对酗酒的危害性有深刻的理解，树立“健康第一”的意识并采取自我克制措施。建议参照以下方法：

方法1：每当酒瘾袭来时，你要立即想到这是冲向你“健康防线”的恶浪，千万别动摇，只要坚持5～10分钟，这股子成瘾性冲动便会逐渐减退。同时采取出去散散步或找个朋友聊聊天等方法，转移一下注意力就过去了。

方法2：主动避开诱因，特别是尽量少和原来的酒友见面，少去原来常喝酒的饭店就餐。

方法3：最好有家人和好友的支持。亲朋好友的鼓励和支持戒酒的积极配合至关重要。比如每天晚餐坚持把酒杯收起来改成吃过晚饭来点新鲜水果，然后和家人一起去室外散散步，总之要把与酒有关的心思转移开，并且用另外一个内容取而代之。

方法4：千万别给自己找借口。比如把酒柜里现存的几瓶酒喝光后就不买啦……白酒不喝，啤酒、葡萄酒总可以喝吧……想喝酒的借口有的是，一定要把住“进口”关，说不喝就不喝，不给“酒虫子”留下喘息的机会，只有这样才能立竿见影把酗酒恶习连根铲除。

第三节　网络成瘾

一南京少年得知母亲将其上网打游戏的电脑卖掉后，当即点着被褥威胁身患癌症的母亲，无效后竟冲进厨房举起菜刀欲对母行凶。还有一山东少年，因无钱上网向父母索要，遭到拒绝后用绳子勒死母亲，偷走家中钱款逃之夭夭。另外一少年也因上网遭拒而砍死母亲、砍伤父亲后出逃。浙江省某市一位16岁少年因迷恋上网无法自拔，无奈之下6次自杀，妈妈悲痛欲绝却又无可奈何……

因为缺乏社会沟通和人际交流，将网络世界当作现实生活，脱离时代，与他人没有共同语言，从而出现孤独不安、情绪低落、思维迟钝、自我评价降低等症状，严重的甚至有自杀意念和行为。医学上把这种症状叫作“互联网成瘾综合征”（Internet Addiction Disorder），简称IAD。

成因

网络操作出现时间失控，而且随着乐趣的增强，欲罢不能，难以自拔。患者多沉湎于网上自由说谈或网上互动游戏，并由此而忽视了现实生活的存在，或对现实生活不再满足。初时只是精神上的依赖，渴望上网遨游冲浪，而后可发展成为躯体的依赖，表现为情绪低落、头昏眼花、双手颤抖、疲乏无力、食欲不振等。究其原因，是由于患者上网持续时间过长，使大脑神经中枢持续处于高度兴奋状态，引起肾上腺素水平异常增高，交感神经过度兴奋，血压升高。这些改变可引起一系列复杂的生理和生物化学变化，尤其是植物神经紊乱，体内激素水平失衡，会使免疫功能降低，诱发种种疾患，如心血管疾病、胃肠神经官能症、紧张性头痛、焦虑、忧郁等。同时由于眼睛长时间注视电脑显示屏，视网膜上的感光物质视紫红质消耗过多、若不能补充其合成物质维生素A和相关蛋白质，就会导致视力下降、眼痛、怕光、暗适应能力降低等等。

网络本身并无毒，它只是一种工具，就像酒精本身也只不过是粮食所酿，而因人类使用不当，才导致自我伤害。

调查发现，九成网瘾少年敌视父母。拿上述南京的少年来说，父母因外出打工无法照顾他，他从小到大生活在老人身边，老人对这个孙子百依百顺、有求必应；长大后，他又经历了父母离异……先是娇纵，后是不幸，等于把一个人高高举起后，再狠狠摔下。但更主要的是他不得不通过电脑建立起一个虚拟世界，用来转移对现实世界的恐惧、无奈。而现实世界就是“父母不在身边”（被抛弃）和“家庭破裂”（父母离异）。

所有敌视父母的孩子，差不多都因为父母没有尽到相应的责任，包括一味地娇纵孩子，或是对孩子不理不睬、抛给老人或“放羊”。网瘾少年多出自父母不尽责任的家庭，也就是说，他们的父母还没有真正长大，还在“安全感”、“虚荣心”和“价值观”里拼命寻找着自己，自顾不暇的人，怎么可能想得起来去对别人负责？

有研究显示，长时间上网会使大脑中的化学物多巴胺水平升高，这种化学物质令患者呈现短时间的高度兴奋，沉溺于网络的虚拟世界不能自拔，但之后的颓废感和沮丧却较前更为严重。

时间一长，这些影响就会带来一系列复杂的生理和生物化学变化。患者初期只是表现为对网络的精神依赖，渴望上网冲浪、玩游戏，之后就很容易发展为身体上的依赖，出现食欲不振、焦躁不安等，甚至会引发心血管疾病等各种疾患，需要接受深度的心理辅导。

网络双重人格

网络中，网民习惯于利用电子文本的方式创造出一个与现实“我”存在某些差距的网络“我”，这个虚拟的个体可能是完全不存在的，所提供的资料都是现实中无法证实的；也可能既具有某些真实个体的特点，也具有某些个体理想化编造出来的因素。个体可能在现实中积极、友好、顺应社会和有规可循的人格，但在网络中却可能是消极、攻击、反社会和杂乱无章的人格，同时它们又是相互独立，保持彼此的稳定性。

青少年的网络双重人格主要是对网络人格的虚拟化，即凭空想象出自己所希望的、感兴趣的或者好奇的人格特质，并以此作为网络交往的基本个体特点，如同自己真的拥有这些人格一样。久而久之，这种虚拟人格固定下来，在心理上形成某种程度的分离。网络人格一旦形成，往往进入潜意识的层次，使现实人格有时也难以觉察到它的存在。如同多重人格中的后继人格一样，它总会寻找机会展示作为“另一个主体”的“真实”存在，表现出让现实人格也觉得不可思议的行为特点，并强烈抵御企图消灭它的一切努力。

之所以会出现网络双重人格，是因为青少年的自我意识空前高涨。在经历过以“我”来指示自己的第一次自我意识发展后，青春期成为他们自我意识发展的第二次飞跃期。在这一时期，青少年更加关注自我，并把心智加工指向了内心世界。但是，他们还没有建立自我评价的客观指标，在自我认知上容易大起大落，以偏概全，时而自卑，时而自负，在自我体验上，容易走极端；在自我设计上，总是摇摆不定。总之，自我意识还不稳定，也容易受到外界如父母、过生日玩物丧志之人的干预。出于对自我角色体验的需要，青少年总希望获得与自己有关的新异刺激。现实中一般的角色游戏由于要受到更多现实规则的束缚，对于敢反抗、爱冒险的青少年而言，还不能完全按自己的意愿进行。因此，青少年便在网络中捏造一个“我”来实现自己的想象，感受新的自我体验和自我设计。

青少年心理发展表现出种种心理冲突和矛盾，具有明显的不平衡性。由于身体的发育和自我意识的发展，青少年有一种强烈的独立意识，经常与成人进行反抗和抵触，同时在心理上闭锁倾向加强，不愿意向别人倾诉。但是，此时他人仍然对他们有很多依赖，尤其是精神上的理解、支持和保护。发展期间遇到的问题也使他们希望有人来帮助、关心，孤独和寂寞使他们急需得到有效的心理引导。对父母的逆反、对教师的反抗、对同学的不信任，使他们把目光投向了网络。

极度的敏感令他们不能完全相信他人，对自我的保护也令他们必须进行起码的防御。但是，如果态度上已经超出了寻求理解和防御的程度，长期下去就会增加出现网络双重人格的几率。

网络成瘾的心理治疗方法

1. 调整认知

认识到网瘾对人的危害，如荒废学业、损伤身心健康、上网要钱，而钱不够便会养成说谎的习惯，上网占用时间过多会疏远亲情与友谊，不利心理发展。

2. 系统脱敏

订出计划，在两个月内逐步减少上网时间，最终达到偶尔上网或不上网。如原来每天沉迷网吧8小时以上，则第一周减为6小时，第二周4小时，第三周3小时，第四周2小时。网瘾者能按计划执行则给予奖励（例如，采用代币制），即每周发给适当的代币，到月终换为现金，做不到时则罚。

3. 代替疗法

只有青少年在现实中建设性的生活内容多了，沉浸在虚拟网络世界的心理需要才会减少。人们需要充实的精神生活和娱乐，所以减少上网必须培养健康的爱好来替代，如游泳、打球，陪孩子登山、旅游等。

4. 厌恶疗法

如在人的左手腕带上粗的橡皮筋，当有上网念头时立即用右手拉弹橡皮筋，橡皮筋回弹便会产生疼痛感，转移并压制上网的念头。拉弹的同时，我们还要提醒自己，网瘾有危害。

第四节 购物依赖

哪怕是不喜欢读福楼拜作品的人也会对包法利夫人的故事有所耳闻：一个满脑子浪漫和虚荣的女人嫁给一个无趣的外省医生。她无法忍受沉闷的中产阶级生活，向往城里面的时髦贵族，于是挥霍无度地购置华服，最后债台高筑、抱恨而亡。她和我们一样迷恋时尚，只不过她钻研的是19世纪的时装小册子，而我们每月都买《Vogue》。她垂涎于沃比萨尔城堡的盛大舞会和风流倜傥的农庄主鲁道夫，我们幻想嫁给贝克汉姆，举行梦幻婚礼。她为了买漂亮衣服不断向债主勒合先生借钱，我们则心血来潮地刷爆信用卡。

在《一个购物狂的自白》中，丽贝卡每当情绪落寞之时，就会产生不可遏制的购物冲动。诚如她的独白："买东西让世界变得美好起来，很温暖，而现在它不美好了，我又要去购物了。"同样，我们看到，丽贝卡最后成功戒除购物瘾，也是因为爱情的滋养使其重新找回了温暖和快乐。

香港电影《天生购物狂》（2006）中的女主人公方芳芳也是如此。她身世凄凉，自小被父母抛弃，缺少家庭温暖，长大成人后，似乎只有在狂热购物中才能找到快乐。章子怡主演的《非常完美》（2009）中的苏菲失恋后，为重新赢得男友的眷顾，她所使出的第一夺爱招式便是疯狂购物，目的在于改变个人风格，增强自我魅力值。

仔细思量购物狂背后的病理原因，这是个令人略感沉重的话题。以悲剧形式呈现女性的拜物心理，早在福楼拜的《包法利夫人》、莫泊桑的《项链》以及杜鲁门·卡波特的《蒂凡尼早餐》等文学作品中都有深刻揭示。《美国精神病学期刊》曾刊登斯坦福大学精神病学家劳林·克兰教授的研究，美国有1000多万人经常昼伏夜出疯狂网购，而这些人大部分是女性。她们购物上瘾就像酗酒或赌博成瘾一样，经常无法控制地购买一些并不实用或价格不菲的物品，陷自己于困厄之境。有些人甚至需要以抗抑郁药物来改善自己的行为。由此，专家们正在考虑是否将它列为一种精神疾病。

在女明星中，最著名的购物狂应该数香港的章小蕙。香港媒体称她为“败金女”，她具备女性购物狂的大部分特征：购买名牌服装，视名牌如生命；为护肤与美容一掷千金，即使人后挨饿，也要人前鲜亮；不断更换家居用品，看不顺眼的新壁纸一夜之间全部换掉；梦里也为漂亮的衣服狂呼；子女、爱人都排在次要的位置。章小蕙的购物狂更与“红颜祸水”联系在一起，她的丈夫钟镇涛因金融风暴期间投资房地产失利而申请破产，亦有人把他们破产的原因归咎于章小蕙的奢侈。

美国影星丽芙·泰勒，本身也是个超级购物狂，只要她看见喜欢的衣服，她就一定要买，不买心里不会痛快，而且她是那种不到商店打烊绝不罢手的“闪灵刷手”，每次要提着大包小包的漂亮衣服，她才能开心回家。但是她却有个怪癖，那就是买了却从来不穿，她把这些成堆的漂亮衣服、鞋子摆在家里欣赏，然后仔细品味自己的战利品，这样她就满足了。

台湾女星蔡佳宏最夸张的记录是一次买了50多万元的香奈儿，还因此被演艺圈内封为“香奈儿女王”。不过花钱成性的蔡佳宏，最后也尝到落魄的滋味，原本几百万元的香奈儿精品，最后只能以30多万元出清，从动辄百万疯狂血拼，到一个礼拜只花100元过日子的落差，让她真的是大彻大悟，现在的蔡佳宏没事就在家DIY（自己动手），把过去买来的名牌货稍微改头换面，她说：“名牌的东西质料都不会太差，花点时间改造一下，就成了新货，如果连三餐都快吃不饱，穿件上百万的名牌，也不能填饱肚子。”

不是有钱人也会成为购物狂。现代社会越来越多的人购物上瘾，美国有8.1%的人属于强迫性购物者，其中90%是女性。信用卡购物催生了更多的购物狂。

白领女性小张自己的冲动性购物行为影响到正常生活而走进了心理咨询室。“医生，我也知道每天买这么多衣服穿都来不及，但我就是克制不住自己，怎么办？”医药公司销售代表小张月收入过万，但她赚钱的速度远跟不上花钱的速度：几乎每天都要花六七百元购置各种衣服、化妆品，小张的经济状况很快陷入尴尬，但她无法克制刷卡购物的欲望和快感，甚至悄悄挪用家里还房贷的钱。小张不敢告诉丈夫，但又成天提心吊胆，人变得越来越焦虑。

成因：遗憾消费

德国明斯特大学的科学家们通过研究得出结论称：逛街购物可令女性失去正常的思维能力甚至是神魂颠倒。研究人员通过磁共振X射线层析透视法，对女顾客大脑皮层中负责健康思维和正常理智的区域进行了检测。结果表明，在即将买到东西之前（也就是对某样商品即将拥有支配权之前），女顾客就基本上完全失去了清晰、健康的思维能力，而其大脑中负责情感和惬意感觉的区域紧张度会骤然上升到极限。据负责此项研究计划的戴普博士表示，“我们在研究中还发现，看中的东西越昂贵，女顾客就会变得越不理智。而且，当买到一样异常昂贵、价格超过平时正常购买力的商品时，购买者正常的思维能力便几乎可以降到零点，从而变得神魂颠倒。”“购物狂”的症状是因为大脑中的化学因素在起反应。这种反应和赌博、盗窃癖、性爱狂是一个道理。

“购物狂”基本上都是属于那类工作压力大、平常找不到合适方式释放压力的人，尤其是经济条件比较好的年轻女性。她们大多是想透过购物的方式来振奋自己，提高自尊心，释放压力。但是，结果往往事与愿违。

“购物狂”非常有可能是遗憾消费。有位离异的中年妇女在苦闷孤独中每天逛商店，买下许多她在当“姑娘”时爱穿的衣服。这些色艳形瘦的服装显然已不合适她的年龄和发福的体态，但她说：“很想重新活一次，回到恋爱的年龄，因此在商店里就有一种难以控制的欲望。”

在许多消费者，尤其是女性消费者身上都发生过。据某消费者协会对1000名妇女的问卷调查显示：有13%的人承认她们经常花一些不该花的钱，购物后常常后悔，因为在心血来潮时买的东西根本用不上或很少使用。这种情况在心理学上称为“遗憾消费”，这种消费者就叫遗憾消费者。

遗憾消费产生的原因？

1. 缺乏自我价值感和自信心。在购物中以“名牌”、“高价”、“精品”、“极品或孤品”来间接为自己定位。

2. 性压抑、嫉妒、紧张、劳累、孤独等都会导致人们无目的地购物。女性由于爱好体育活动、抽烟、喝酒的少，故心理补偿与发泄的渠道便多为购物了。

3. 消磨无聊的闲暇时间。人们在找不到文体活动场所之时，“逛街购物”无形中会成为业余生活的一项较主要的内容，这是看起来主动实为被动的复杂心理过程。

4. 妇女在月经来临前的几天里常伴有“超购行为”的发生，据英国的一份调查报告指出：“72%受访妇女承认在经前的几天里花费过多，过半数的妇女事后感到用钱超出了自己的负担能力；15%的人因此出现经济紧张；16%的人因大手大脚而与伴侣发生口角矛盾。”经前妇女心理的烦躁波动无疑是引发“遗憾消费”的导火索。

怎么预防购物上瘾？

“女人天生是购物狂”，这只是商家为疯狂购物的女性寻找的借口，其实严重的冲动性购物行为往往和生活境遇相关。现代女白领承受了多重压力：工作压力、夫妻关系、人际冲突、生育和职业的矛盾……每个人会寻找不同的渠道为自己解压，但疯狂的冲动性购物行为是一种无效的解压方式，它无法解决根本问题。怎么预防购物上瘾?

1. 清醒地认识压力，对待压力

对自己的日常工作等方面带来的压力有一个清醒的认识。正确对待自己的压力，并尽量找寻合适的途径予以释放。比如可以通过和朋友聊天、和亲近的人分担等方式；

2. 养成记账的习惯

将所买的东西统计一下，看看哪些是没用的，看看哪些东西没用或多余的并计算出你浪费金钱的数目和由此产生的利息或投资损失。

3. 使用“改日再来”的延缓方针

在垂青某商品时，先不急于掏钱，而是暗示自己“改天再来吧”，下次来时由于心情变化，购物欲可能下降。

4. 看透点，看穿它

阅读名牌产品的介绍时，你不妨八卦点，看看这些名牌是怎样“炼成”的。名牌让人着迷，是因为广告、促销、风格化的店面为其增添了无限的光环，这些光环就是制造来迷惑你的。当这个产品合适你的需要和存款的多寡时，它代表了奢侈与享受；如何是非理性的购买，那就代表了陷阱。

名牌让人仰慕、崇拜、魂牵梦萦，因为名牌集中代表了西方国家所吹捧的拜物教（Fetishism）。拜物教这个词来源于部落的信仰，指的是部落居民带着的贝壳等装饰品，贝壳只是物品的一种，但一旦被认为有辟邪作用，或者是成为崇拜的图腾，它就不再是海边的贝壳，它具有神圣的光环。

5. 乾坤大挪移

多和朋友聚聚，心与心的交流会让那种不良的消极心理慢慢地淡化，而不要刻意去追求内心上的满足，为了自己的虚荣或是内心上的快感，而去购物。

在必要的时候，可以针对自己购物成瘾的不同程度，给自己报个学习班或是其他娱乐项目的学习班，让自己的内心充实起来，这样那种期望购物的心理就会慢慢消失。

平时，做到合理规划自己的生活，抵制不良的心理情绪，把那些烦恼统统抛在脑后，不要刻意去做某些事情来取代心中的压抑，改变自己的生活习惯，保持好的生活方式，努力找回真正的自我，这才是最重要的。要相信“购物癖”并不可怕，可怕的是不去改变，只要有改变的决心，什么事都是可以去消除的。对于一个“购物癖”患者，良好的心理是很重要的。

6. 尝试一些直接效果比较好的做法

比如，出门不要带太多的钱，更不要带卡；每次出去购买日用品之前想清楚需要什么、不需要什么，必要时可以找一个同伴一块去购买，并请求同伴在自己有失控表现时予以帮助提醒。

有人因为害怕成“败家女”，贴出自己想要购买的化妆品、皮夹、衣物等，等待着网友们对这些物品进行劈头盖脸地“批判”。如果你发现自己的狂热购物行为影响到自己的生活了，那就需要关注和审视自己的心理状态，分析一下自己为什么会这样。如果还是无法解决，那就有必要求助专业心理医生。

第三章

让自控成为一种习惯

第一节　吃为何成为大麻烦

她睁开眼睛，直挺挺地躺在床上。她感到嘴里又干又涩，很想爬起来喝口水，却又觉得昨天晚上没有呕吐干净的食物已在身体内生根发芽，如果喝水，就会像春天的雨露一样，滋润那些萌生的脂肪细胞们茁壮成长。她摸摸肚子，捏捏大腿，好像在揉捏一个即将腐烂的西红柿，如果一不小心破了，腐败、鲜红的汁水将浸湿床单，空气里刹那间就会弥漫起一股令人作呕的味道。

仿佛根本没有什么东西活着，包括她自己。“起床，还是不起？”在模糊的意识中她感到纵使起床，面对她的一整天也无非是在吃和不吃之间挣扎，无非是暴食一顿，然后吐掉，然后再暴食，再吐掉……直到入夜以后，筋疲力尽地躺倒在床，等待同样噩梦般的明天到来。

这并非是一个个案。这样的一群人在医学上被称为“神经性贪食症患者”，而她们所患的那种疾病，被称为“神经性贪食症”。她们经常会无法控制地大量进食，——避开所有人，搜集一大堆零食，独自在屋里敞开肚子大吃大喝，然后呕吐或者服用泻药、减肥药。她们的食量惊人，就像一个食物焚化炉，所吃下的尽是高脂肪、高糖、高碳水化合物的食物，如面包、蛋糕、饼干、雪糕、油炸食品等等。2006年12月19日下午，在北京郊区《鲁豫有约》进食障碍访谈节目的录制现场，一位鼓足勇气接受采访的女孩说，自己曾经一口气吃下200支雪糕！还有一位已经从贪食的痛苦中走出来的女孩说，她曾在暴食后一天内服下4瓶果导片（一种泻药，每瓶100片）！

2007年米兰时装周，由意大利摄影师奥利维耶罗·托斯卡尼拍摄的一组宣传海报，出现在了米兰市街头和当地的报刊上——体重仅31公斤的法国女演员伊莎贝尔·卡罗以裸照的形式向世人展示了厌食症的吞噬力量。据她自述，她从13岁开始就饱受厌食症困扰。2010年11月17日，她在与厌食症抗争十余年后去世，时年28岁。

2006年11月15日，18岁的巴西模特安娜·卡罗琳娜·雷斯顿死于厌食症和败血症。雷斯顿身高1.72米，临死前体重才40公斤，这是一般年龄12岁、身高1.5米女孩的体重。

西班牙时装界首先做出了反应，禁止身体质量指数（BMI）少于18的模特上台表演。世界卫生组织认为，BMI在18.5以下，便属体重过轻；BMI低于17.5，是厌食症的指标之一；BMI接近15，则受测对象已经濒临饿死。

厌食症改变了这些女孩的生活轨迹。她们在醒着的任何时刻，都只有一个生命目的：瘦，再瘦……

为何厌食症如此集中地发生在青春期少女身上呢？北大六院心理学专家丛中说，厌食症患者一个值得注意的人格特质是极端完美主义。“在达到一个目标之后，还要实现更高的目标。这样的人格特征在青春期之前，可能会表现为学习上争强好胜；到了青春期，女孩子开始关注自己的身材是不是苗条，于是，瘦就成为一个要达到的目标。这个目标一确定，其就可能采取极端的方式来实现。”

不单纯是体重和进食问题

通常，进食障碍青春期发病，11～14岁是高峰期，而女性在90%以上。其中，尤以厌食症为最严重——相比过食症，它更危险，甚至会剥夺年轻女孩的生命！

“厌食症不是单纯的进食和体重问题，而是年轻人在成长过程中缺乏生命驾驭感的心理问题。”香港中文大学社会工作系马丽庄教授认为，厌食症最大的含义和功能是“控制”。一种被普遍接受的解释是：青少年时期的任务是追求自主和探索自我的身份感，而厌食者却体会到“无能为力的无能感”，于是，“他/她相继控制自己的身体，体重下降的‘成功’给了他/她一种成就感；这种成就感进一步维持自我饥饿的症状循环。总体来说，厌食症患者在一定程度上不能驾驭青春期的发展任务。”马丽庄教授说。

三种典型的家庭动力模式

自我饥饿在家庭背景的4个共同主题包括：自我饥饿是为了获得爱与控制；厌食症女儿通过卷入父亲的婚姻冲突，与无力、无助的母亲联盟；对家庭忠诚，为了家庭利益牺牲自己；厌食症女儿充当无助、无力母亲的情绪支撑。

1. 控制型家庭

在青少年时期，卡朋特兄妹二人的音乐才华便已开始展露端倪。他们以哥哥创作妹妹演唱的形式出道，很快便在音乐事业上取得巨大的成功，他们的歌曲《昨日重现》被誉为英文经典歌曲。

当卡朋特兄妹日渐长大，他们的音乐之路也日趋成熟的时候，卡朋特的母亲却认为自己太了解她的孩子，而关心孩子了。表面上，她很支持她的孩子走自己的路（其实这条路也是她为孩子们选择的），但内心里，却是紧紧控制着孩子，当时，美国的孩子大都在这个年龄都是自己独立的时候，卡朋特兄妹依然住在父母家里。在卡朋特兄妹日本巡演回来时候，凯伦高兴的给母亲看她带给母亲的礼物，凯伦的母亲并不热情看凯伦给她的礼物，对白："你怎么没有和我商量！"然后急着让卡朋特兄妹看她给兄妹俩新装饰的房间，并且把凯伦送给她的衣服，草草地脱到了地上。这对凯伦来说是一种伤害，但她的母亲却没有发觉，依然热衷于叫她赶紧来看新的房间。这时候凯伦22岁，哥哥理查德已经25岁，但他们对自己的房间都没有自主权，还是妈妈来管理和支配他们的房间，这是在当时与美国的主流家庭教育背道而驰的（在美国，孩子成年就搬出独立生活是主流）。

1976年理查德开始失眠，母亲并没有察觉是孩子们的心理压力，而是把一瓶安眠药给了理查德。理查德开始了长达四年的服药生活，最多的时候从1976年开始，到了1978年，他一晚要吃25颗安眠药才能入睡。他的手已颤抖到无法演奏，为了治疗这个恼人的疾病，他决定取消一星期后就要举行的拉斯维加斯演奏会。然后他便前往堪萨斯州就医。六星期后，他已能安然入眠，也展开了人生中的新时期。当母亲发现凯伦在服泻药的时候，此时的凯伦已经服药很长时间了。而且在凯伦嫌弃自己胖的时候，母亲也并没有察觉，只是在关注他们的成功。兄妹两人只是服从母亲，很少和母亲有心灵上的沟通。

到了26岁时，凯伦会常常感到精疲力竭，有时不得不卧床休息，因此错过了很多彩排和演出，最后只能退出歌坛。因为节食造成的免疫系统出现了问题，她开始不断生病。除了对泻药成瘾外，还开始摄入大量的甲状腺素药物，因为大家知道甲状腺激素能消耗身体热量燃烧脂肪，这也是为什么很多甲亢患者非常能吃但人却仍然很瘦的缘故。

最后，孤独绝望，缺少关爱的凯伦在经历了几段心理治疗，走完了几段坎坷路途后，于1983年2月4日因大量服药引起的心脏衰竭离我们而去，终年32岁。

孩子自己虽然长大了，但依然事事是家长说了算，自身的心理需求不能满足，这种不满足使孩子觉察到又缺乏心理控制，于是，用“吃”来取代控制的需要。家长过分钳制、过分保护、僵化及缺乏解决冲突的方法。她明显感到“自己被他人控制”，于是，厌食行为取代了对生命的驾驭，将自己的所有控制感都集中于控制体重和体形。

2. 错爱型家庭

小丽的妈妈是一家公司的总经理，每当小丽想与妈妈说些什么，忙碌的妈妈总是用食物堵住小丽想要说话的嘴。“上了初中，我突然间意识到自己胖胖的模样非常丑。”小丽觉得这都是妈妈不停地让她吃东西的结果，于是，对食物有了一种本能的反感。她讨厌妈妈，更讨厌妈妈让她吃东西。于是她开始节食……

“实际上，小丽在吃饭方面形成了与母亲的斗争。本来她想要的是心理上的关心，可是母亲给她的却是在吃饭上更多的关注，忽略了她想要的关爱，她就以不吃东西的方式引起母亲的注意，反抗母亲。”北大心理专家丛中说。

3. 忽视型家庭

14岁时，小雨158cm的个子只有58斤，父母尝试着咨询精神科医师，这个尝试找到了小雨真正的病症——非典型神经性厌食，也找到了她的真正病因：家庭中父母的矛盾。原来小雨病前，父母长期争吵甚至准备离婚，自从生病以来，父母协力为她看病，得病无形之间解决了父母冲突，而小雨则无意识地选择“牺牲自己”来维持家庭的完整。医师们通过团体心理治疗、个体辅导以及家庭心理治疗相结合的方法，三个月之后，小雨痊愈出院，每天可以吃二两米饭。

小雨获取父母关注的方式就是努力让自己表现优秀，而父亲的出轨无疑是小雨缺失父爱的一个有利证据，她通过厌食，卷入了父母的婚姻危机，同时表达了对家庭的忠诚和对母亲的情感支持。

厌食症孩子生命能量虚弱，必须接受专业的治疗。单纯的医学处理对于治疗厌食症没有出路。帮助病人增加体重，只是治标，而非治本。厌食症是一种精神失调，因此，只有处理症状表面之下的心理问题，病人才有可能彻底康复。

第二节　厌食与贪食殊途同归

同样是与“吃”作斗争，为什么有些人表现为厌食，有些人表现为贪食呢?

大部分患者中，通常都是由厌食转化为贪食的。节食到了极致，绝望与沮丧会让她们控制不住地找一种方式寻求解脱，就有可能由厌食转为贪食，然后采取呕吐、导泻、利尿等手段再把吃进去的食物吐出来。从厌食到贪食，患者常常不知道是怎么发生的。

“无论厌食还是贪食，发生的机制都是类似的，就是控制。之所以表现方式不同，有可能与父母和孩子的互动模式有关。厌食症的孩子中，父母对孩子吃饭通常比较在意，经常让她们多吃饭，家长越是让她吃，她就越少吃，从某种程度上强化了孩子的厌食行为；而贪食症孩子则可能缺少一个让她多吃饭的妈妈激化她，这时便摆脱了跟妈妈纠缠吃饭问题的关系，变成了一种自我调节的方式。”北大心理治疗师丛中说。

戴安娜王妃原本有着一个表面看上去如童话故事般美丽的幸福生活，但是我们现在知道了，其实私底下，戴安娜多年来一直在和神经性贪食症和抑郁症做着艰难抗争，尤其是在和王储查尔斯王子结婚之后。

在婚礼举行之前的一段时间内，面对来自公众、媒体和皇室的压力，戴安娜感到无所适从、孤独，经常哭泣。也就是这时，她第一次开始在进食之后将食物从自己的体内清除出去，通常是采用呕吐的方式。那时她的腰围从29英寸下降到了23英寸。

童话般的幸福幻想很快就被接下来发生的事情彻底打破：戴安娜在婚礼前两天，发现自己丈夫打算送给卡米拉的一条项链上刻着两人的亲密昵称……在世纪婚礼的前一天晚上，查尔斯王子的礼物和信笺并没能帮助这位未来的王妃平息几个月来郁积在心中的苦恼。就在那个本该安睡的夜晚，她吃下了很多的食物，最后病倒了。

这一切被识破后，就有了后来查尔斯王子的说法：“我整个蜜月都在呕吐的气味中度过。”因为她每天都要吐三四次。

王储与卡米拉互赠礼物一事也是她患神经性贪食症的一个因素。这种病在以后的岁月里对她的身体损害极大。

在戴安娜日后的宫廷生活中，冲突、焦虑、痛苦、忧郁始终伴随着她。而常常需要吃进大量的食物，甚至要溜进厨房寻找食物来快速地填入腹中，也成为她个人生活的一大特点。

相比娇小的身材，她有着一个惊人的胃口。例如，一天晚上她吃了一整块肉排，加一磅的糖果和一大碗奶油冻。每一次当她用呕吐的方式将这些食物排出体外时，她意识到，这帮助她获得了一种控制感，并且给了她一种表达自己愤怒的机会！

半年前，上高三的小玫得了一种贪吃而不能控制的古怪毛病。以前她总担心身体发胖，不敢多吃，结果慢慢地出现厌食症状。可是不久后，情况却截然相反，常常不可抗拒的要吃下大量的食品，每次非要吃到被撑得难受才罢休。如果想吃的东西没吃，就会没心思上课，晚上连觉都睡不好。由于不断地暴食，小玫明显发胖，变得越来越臃肿。她常常采用引吐、导泻、增加运动量等方法，以消除暴食引起身体发胖的恐惧心理。为此她苦恼不已，一再发誓再不滥吃了。但她又无法控制自己，尤其是心情不好时就吃得更多，上课无精打采，学习成绩直线下降，常常悄悄地落泪。瞧着痛苦不堪的小玫，心急如焚的父母带着小玫到当地医院进行检查，没有发现任何生理上的毛病，最后才由朋友介绍来到医院找心理医生咨询。

小玫是由于学习压力太大得了“神经性贪食症”。当一个人情绪低落，或者受到重大挫折的时候，总是会通过某种途径发泄心中的郁闷，逃避痛苦的问题。有的人可能会去疯狂的购物，有的人会去做大量的运动，而有些人则会去吃大量的食物。由于吃得过多而感到涨满和臃肿，又会很难受，再想到这样会让自己体重增加，于是他们会采取各种方法将食物排出体外。

第三节　失控的行为

英国球星贝克汉姆对居住环境的要求很高，如果酒店房间里的东西没有摆放好，他一定要亲自动手把它们整理整齐。他家里物品务必要达到“完美”的效果：所有物体必须排成直线，而且最好是成双成对。他的衣橱里有30对一模一样的CK内裤，衬衫也必须根据颜色顺次排开。家里的三个冰箱分别摆放食品、饮料和沙拉。连辣妹维多利亚也抱怨不迭，家里的沙发必须摆得整整齐齐，如果饮料的数目不成对，小贝会扔掉一瓶以保证对称。维多利亚生下孩子小七也被媒体解释为出于贝克汉姆对于偶数的偏执钟爱：一方面小贝需要为自己添一个女儿；另一方面，似乎小贝看着自己的三个儿子站在那里总有一些别扭。

我们可能在网上经常会看到这样的表述："自从那次肝炎流行以后，我每天下班回家，第一件事就是洗手，每次洗手时间，我不知用多少时间，但十几分钟肯定是会有的，每次洗完还想洗，洗完以后一定要拿酒精棉球消毒一遍，总觉得手上的细菌洗不掉，冬天手都洗得发白了，冻疮都起来了，就是控制不了，还是要洗，有时我心里也很痛苦，让别人知道以后很怪的，就是我无法控制它。"

以上两个案例都属于"强迫症"。贝克汉姆也向媒体披露，自己患有"强迫症"。强迫症，有时候听起来可能仅仅是一种"完美主义"的倾向，但严重的强迫症却能够影响人们的生活。作为焦虑障碍的一种，强迫症被美国精神病诊断与统计手册（DSM）定义为强迫性的思维或行为。患者会出现强迫性的行为，例如不断洗手，检查门或车是否锁上等。

贝克汉姆的表现应该还只是一种轻度的强迫症倾向。事实上，适度的强迫能让人将工作进行得更加完美，这可能也是贝克汉姆能够成为一名伟大球员的重要原因之一。

从分类来看，强迫症分为强迫思维和强迫行为两种。反复检查、反复提问或是不停数数等为强迫行为。而强迫思维患者则会反复出现毫无意义的想法、怀疑或恐惧等。比如有些人总怀疑自己是不是开车撞到了人，有些人莫名其妙地对某些数字产生恐惧，认为它们"不吉利"。当然，还有很多时候强迫思维与强迫行为是同时存在的。

强迫的最重要的特征就是强迫与反强迫存在。举个简单的例子，强迫洗手的人，可能觉得自己反复洗手没有必要（这是反强迫），但是又忍不住不洗手（这属于强迫）。

对于引发强迫症的原因，目前还没有一个统一的结论。它既与遗传、大脑结构、神经递质有关，与社会环境也有关系。而相比较生物学因素，社会环境因素更容易被提前干预。即便是追求完美，易患强迫症的个性，也能在正确的环境影响下出现转变。

强迫症往往从儿童期就有征兆。儿童强迫症是儿童心理问题的一大难题。多项研究表明，有三分之一的强迫症患者在儿童期就已经出现了强迫的征兆。儿童容易患强迫症的原因主要是因为他们体内的化学物质——血清素的不平衡，加上儿童大脑尚发育不完全，前额叶的控制功能更容易受到影响。

对于表现出任何一种强迫症行为儿童的家长来说，重要的做法是找到他们可能的焦虑原因，例如人际交往或是学业的问题。

千万不能将他们的强迫行为，看做是非常“傻”的行为而加以鞭笞。这样很可能会更加重他们的心理负担，从而加重症状。

治疗强迫症通常可以采取心理学上所称的行为疗法，即改变患者的行为和认知的方法，从而减少强迫性行为和想法。最为有效的疗法之一被称为“暴露和反应抑制疗法（ERP）”。

在这种疗法中，治疗师会通过不断“暴露”引起焦虑的事件，使得患者习惯引起焦虑的情景，从而降低他们的焦虑感，最终达到避免强迫性行为的目的。换句话说，患者越担心什么，就越让他们接触什么，直到他们发现，事情其实也没有那么糟糕，强迫的想法和动作自然也就慢慢消退了。

通常内心追求完美、对自己严格要求的人更易患上强迫症。因为这些人总对自己不满意，会习惯性地反省自己，甚至苛刻地检查自己的言行，放大缺点，在这种情况下，他们可能会通过重复某一行为或观点，修正自己的“不足”。久而久之形成习惯，牛角尖越钻越深，最终让自己陷入不反复做就焦虑，越做越焦虑的恶性循环之中。

正常的大多数人也曾出现过强迫观念，例如不自主地反复思考某一问题，或念叨某几句话，或唱一两句歌，反复如此，但不影响正常心理活动和行为，所以不能看作强迫症。

第四节 有钱也想偷

年逾古稀的奥斯卡影帝达斯汀·霍夫曼居然是个小偷，而且热衷于偷知名酒店里的物品——肥皂、毛巾、踏脚垫、电视机……其实，极其富有的美国电影演员薇诺娜·瑞德曾偷过针织衫、漫画书；NBA球星霍华德偷过太阳镜。虽然家财万贯，但帕丽斯·希尔顿却喜欢“顺手牵羊”，“在她成名前，她喜欢把店里的夹克衫、珠宝、鞋子都偷走”。之前的保镖爆出帕丽斯令人称奇的爱好，“在一次派对中，她还叫我把一双高跟鞋偷偷放入我的夹克衫里”。

在常人印象里，小偷偷窃往往是为了生活需要，但已身家富庶的明星公子小姐们又何必为了这些而伸出那看不见的第三只手呢。

在美国一项涉及43000人的研究中，11%的被试者承认至少在商店里顺手牵羊过1次，而这些人对所偷之物完全有支付能力。

张女士，40岁，家境殷实，她家的衣柜里有100多件从未穿过的衣服，都是从商场里偷来的。后因偷窃进了派出所，她对民警说，一次，她在商场试衣服时放在外面的皮包和另一件新衣都被别人偷走，当时她感觉特别的郁闷。于是，没过几天，她又来到这个商场，鬼使神差地偷了一件与上次买的一样的衣服，虽然过程很惊心，但是她从中获得了满足，从此一发不可收拾。她偷东西既不是为了穿，也不是为了卖，而是无法控制自己的偷窃欲望，每次偷后都有一种满足感和过瘾的感觉，正是这种感觉让她欲罢不能，虽然事后她也常常责备自己，感到愧疚。

从精神病学看，这叫做偷窃癖。心理精神疾病确实有偷窃癖的说法，与偷窥癖、露阴癖一样，这是一种怪癖，是一种心理精神疾病，因此不能将偷窃癖患者与普通小偷同等看待。偷窃癖与小偷的偷窃欲望是两个概念，小偷偷东西，是为了占有偷窃财物，偷的东西越值钱越好；而偷窃癖患者偷东西，是心理上的偷窃，是为了满足自己的心理偷窃需求，最终达到心理满足，因此偷的都是小东西。偷窃癖患者需要进行长期的心理治疗，才能够恢复正常。

患有偷窃癖的人，除了强迫性偷窃这一单一表现之外，并无其他精神异常，也没有智能缺陷，据此可以与由精神分裂症、脑器质性疾病或智力发育迟缓而引起的偷窃行为相区别。偷窃癖是一种少见的情况，只占偷窃犯罪中的极小部分。

偷窃癖与小偷不同，其主要特征是反复出现不可克制的偷窃冲动，事前无计划，有逐渐加重的紧张兴奋感。行窃的钱物不是因个人实际需要，也不考虑偷窃物的经济价值，他们常将偷窃的物品丢弃、偷偷归还或收藏起来。因此，对这类人我们不能简单粗暴地采取常用的处罚方式，否则将产生更为不良的后果。他们都是独立进行偷窃，在体会到偷窃过程的刺激后紧张情绪得到了缓解，精神上得到了满足。这种行为障碍女性多于男性，有些偷窃癖从儿童五六岁就开始，最初往往被家人忽视，等上学后听到老师反映，才感到问题的严重性。

某些偷窃癖患者，尤其是从童年就开始的偷窃癖患者，他们大脑发育不良和脑内单胺代谢异常；其次，患者偷窃的行为源自内心的焦虑和强迫，大多数偷窃癖病人的道德观念是很强的，他们知道偷窃不对，会受到惩罚，但是又控制不了自己。对于他们来说，做了坏事没有受到惩罚跟做了好事没有受到表扬一样，心里是不舒服的，只有受到了应有的惩罚，心里才会踏实。

偷窃行为的升级就是为了暴露自己，最后受到惩罚。偷窃是他们表达心声的一种方法。如果别人没有“听见”，说明表达无效，必须继续努力，直到别人“听见”为止。只有东窗事发，他们的心声才会被“听见”。所以，偷窃癖病人总是不遗余力地暴露自己，不达目的，誓不甘休。问题是，周围的人能不能“听懂”他们的心声？

偷窃癖是一种由于忧郁心理障碍而产生的反射症状。造成因素颇多，但最主要的还是忧郁症（depression）。其偷窃不是为了谋取经济利益，纯粹是出于无法抗拒的内心冲动，是一种强迫心理，偷完之后会后悔，却又重复去做。其行窃之前有逐渐加重的紧张感，并为想象中的情景而抑郁焦虑。偷窃癖常始于患者童年或青少年时期。

偷窃癖的成因比较复杂，和家庭教育方式、童年经历、当事人性格等都有关联。从理论上来说，任何能给人带来快感的东西和行为都可以成瘾，所以偷窃也可以成瘾。一般来说，这类人都是在某一次偶然或有意的偷窃后获得了极大的快感，因此就把偷窃的行为当作一种获得快乐的方式。而且一旦这种方式得到不断的强化，那就容易形成偷窃癖了。患有偷窃癖的人，大多数不是因为偷窃到的物品有多高的经济价值而收获快感，他们大多是图那种占到便宜的喜悦以及不被人发现的窃喜感。此外，偷窃之前他们的情绪会比较紧张，偷窃得手后会非常兴奋和放松，这种前后情绪的对比导致的愉悦感也是他们喜欢上偷窃的一个重要原因。有研究证实，患有偷窃癖的人大多有性格缺陷，如自幼倔强、好强、比较自私狭隘、交往狭窄。另一个较显著的特点是“报复心”极强，无论是家人的责骂，还是同事朋友的批评，都容易在他们心中产生一种报复的冲动，而这种报复心理往往就是通过偷窃行为发泄出来的。但以后的行为似乎与这种报复方式并不直接相关，更多的是一种“习惯”使然。

第五节　“我好害怕”

苏娜今年14岁，是初二学生。每当春天百花盛开时，她的情绪就会非常低落。1岁那年，家人带她去串门，发现她一看见别人家床单上的花卉图案和花瓶里插的花就放声大哭。家里人这才意识到苏娜怕花，但并未对此多加重视。

但是，随着年龄的增长，她对花的惧怕程度不但没减轻，反而更加严重了。4岁时，她和村里的一群孩子跟在出殡的队伍后面看热闹。当她发现棺材上的大白花和人们佩戴的小白花时，立刻转身没命地往家里跑，跑到家里已经面无血色了。奶奶焦急地问她：“发生了什么事？”她惊恐异常地答道：“花追我来了！花张着嘴追我来了！”逗得全家人哄然大笑。6岁时，她上了学前班，刚一去就赶上欢度国庆节，排演文艺节目。她们班女同学的节目是手持纸花跳舞，这下可触犯了她的忌讳，说什么她也不肯参加排演。以后她又渐渐发展到了只要是花就害怕的地步，无论是布上、纸上的花卉图案，还是纸花、塑料花、鲜花，她都怕得不得了。近几年，城市绿化有了进展，很多街旁绿地上栽种了各种鲜花，令人赏心悦目。可这对苏娜来说却非常可怕，她在上学的路上，为了躲开那些“可怕”的鲜花，竟不得不绕道走未种花的僻路。时间一长，同学们都知道她怕花，于是常开玩笑似的故意往她身上扔花，吓得她面色苍白、手脚冰凉，甚至上课时也不能集中注意力听老师讲课，而总是东张西望，唯恐窗外有人把花扔进来掉在她身上。在她的心里，花是那么可怕，使得她生活不宁、成绩下降，深感痛苦。

作为金融界的白领，张小姐年入几十万，令人艳羡。走上工作岗位10余年的她此前换过几份工作，不过办公室所在楼层都不高。这两年，张小姐进入新世界中心的42楼办公，虽然收入翻倍，她却日渐厌烦，每天早上上班途中就感觉压抑，接下来一整天都很困扰。张小姐说，困扰来自两方面。首先，楼层太高，往外一看，除了天空还是天空，感觉不踏实；其次，窗子全封闭，没有一点自然风，太压抑了。有时候，张小姐跟家人抱怨，家人反而说她身在福中不知福。“在老家亲友的眼中，我简直就是过着神仙一样的日子。”张小姐说，“可我不想做高空中的仙女，渴望回到地面。”

地铁司机张某，由于为弟弟操办喜事，过度劳累，上班时，突然觉得隧道随时可能坍塌，自己面临严重危险，最后连地铁车站也不敢接近了；女大学生李某，有一次乘电梯上班，恰巧这时停电了，顿时觉得浑身难受喘不过气，眼前一黑就昏了过去，幸好当时有别人在场，从此以后李某再也不敢乘电梯了。电梯和地铁并不是洪水猛兽，只是都市里再常见不过的工具，然而，他们是怎么啦？是什么使他们望而却步、想要逃离？

以上这些情况都被称为恐惧症。苏娜的恐惧症是恐花。金融界的白领张小姐至少患上了两种病症，即高空恐惧症和幽闭恐惧症，地铁司机张某和女大学生李某都患有幽闭恐惧症。在心理学上都属于焦虑障碍，不过症状都还算轻，不需要药物治疗，只需要适当调整心态。有的幽闭恐惧症患者，在公交站一连等了好几趟车，一定要等到可以开窗的老式公交车，才欣欣然上车。

种类

恐惧症患者所恐惧的对象多达数百种之多。通常将其归纳为三大类。

1. 广场恐惧症（agoraphobia）

又称场所恐惧症、旷野恐惧症、幽室恐惧症等。是恐惧症中最常见的一种，约占60%。多起病于25岁左右，35岁左右是另一发病高峰，女性多于男性。主要表现为对某些特定环境的恐惧，如广场、密闭的环境和拥挤的公共场所等。患者害怕离家或独处，害怕进入商店、剧场、车站或乘坐公共交通工具，因为患者担心在这些场所出现恐惧感，得不到帮助，无法逃避，因而回避这些环境，甚至根本不敢出门，焦虑和回避行为的程度可有很大差异。恐惧发作时还常伴有抑郁、强迫、社交焦虑、人格解体等症状，若不有效治疗，症状虽可波动，但一般会转入慢性。

2. 社交恐惧症（socialphobia）

又称社交焦虑障碍（socialanxiety disorder，SAD），多在17～30岁期间发病，男女发病率几乎相同；常无明显诱因突然起病，中心症状围绕着害怕在小团体中被人审视，一旦发现别人注意自己就不自然，不敢抬头、不敢与人对视，甚至觉得无地自容，不敢在公共场合演讲，集会不敢坐在前面，回避社交，在极端情形下可导致与社会隔离。常见的恐惧对象为异性、严厉的上司和未婚夫（妻）的父母等，或是熟人。可伴有自我评价低和害怕批评，可有脸红、手抖、恶心或尿急等症状，症状可发展到惊恐发作的程度。临床表现可孤立限于如公共场合进食、公开讲话、或遇到异性，也可泛化到涉及家庭以外的所有情境。部分患者常可能伴有突发的广场恐惧和抑郁障碍；一部分患者可能通过物质滥用来缓解焦虑而最终导致物质依赖，特别是酒依赖。

3. 特定恐惧（specificphobia）

患者的恐惧局限于特定的情境，如害怕接近特定的动物，害怕高处、雷鸣、黑暗、飞行、封闭空间、在厕所大小便、进食某些东西、牙科治疗、目睹流血或创伤，害怕接触特定的疾病，猝发惊恐的具体情境。特定恐惧一般在童年或成年早期就出现，如果不加以治疗，可以持续数十年。对恐惧情境的害怕一般不波动，导致功能残缺的程度取决于患者回避恐惧情境的难易程度。性传播疾病特别是艾滋病是疾病恐惧的常见对象。其中的血液——创伤恐惧就导致心跳缓慢，有时出现晕厥，而不是心跳过速。

恐惧症患者通常神志清醒，他们实际上知道他们的恐惧是多余的，因为引起恐惧反应的事物或情境其实对自己并没有什么威胁或伤害，也知道其他人并不会因这些事物或情境而感到恐惧。换句话说，他们知道这种恐惧是不合理的，是一种异常的表现。但是一旦患者自身遇到类似情境，还是会反复出现恐惧的情绪，完全不能自我控制，并且产生出一种回避的行为。而只要患者脱离该情境，症状就会逐渐缓和消失。

心理学家认为，恐惧症多由童年后期、青少年时期或成年初期的恐惧经历引发。这种经历储存于患者记忆中。患者再次经历相似情况时，恐惧感随之而来。除此之外，不快经历也可能引发恐惧症，如儿童时期经常被羽毛挠痒的人可能患上羽毛恐惧症。

那个怕花的小女孩苏娜之所以怕花，就要追溯到她很小的时候了。那还是在苏娜7个月的时候，她母亲抱着她去亲戚家参加婚礼。刚进新房，院里就响起了鞭炮声。一只小花猫蹿上桌子，把插着花的花瓶碰倒并摔碎在地上。苏娜见此情景非常害怕，大哭起来。10个月时，奶奶抱她在院子里玩，一走近院里种的牡丹花她就大哭起来，怎么哄也不行，而抱她离开花，她就不哭了。

病因

目前恐惧症的病因尚不明确。研究表明，可能与遗传因素、素质因素、生理因素、心理社会因素等有关系。

1. 遗传因素

广场恐惧症具有家族遗传倾向，尤其影响到女性亲属。有研究表明，同卵双生子比异卵双生子的恐惧同患率更高。某些特定的恐惧症具有明显的遗传倾向，如血液和注射恐惧。

2. 素质因素

患者病前性格多为胆小、羞怯、被动、依赖、高度内向，容易焦虑、恐惧，并有强迫倾向等。如果自小就受到母亲过多的保护，成人之后，也容易发生恐惧症。

3. 生理因素

有人发现恐惧症患者的神经系统的惊醒水平增高，这种人很敏感、警觉，处于过度觉醒状态。其体内交感神经兴奋占优势，肾上腺素、甲状腺素的分泌增加。但这种生理状态与恐惧症的因果关系尚难分清。

4. 心理社会因素

患者在首次发病前可能会有某种精神刺激因素，资料表明有近三分之二的患者都主动地追溯到与其发病有关的某一事件。19世纪初，美国心理学家用条件反射理论来解释恐惧症的发生机制，认为恐惧症状的扩展和持续是由于症状的反复出现使焦虑情绪条件化，而回避行为则阻碍了条件化的消退。即当患者遭遇某一恐惧性刺激时，当时情景中另一些并非恐惧的刺激（无关刺激）也可能同时作用于患者大脑皮层，两者作为一种混合刺激形成条件反射，所以今后重遇这种情景，即便是只有无关刺激，也能引起强烈的恐惧情绪。然而部分患者并无曾受恐吓的经历，有些患者恐惧的对象经常变换，这些都是条件反射学说难以解释的。

主要治疗方法

恐惧症的主要治疗方法包括：行为治疗、药物治疗和其他治疗。

1. 行为治疗

许多患者在疾病过程中已经学会如何回避令他们产生恐惧的对象和场所而不影响他们的日常社会功能。行为疗法是治疗恐惧症的首选方法。系统脱敏疗法、暴露冲击疗法对恐惧症效果良好。基本原则：一是消除恐惧对象与焦虑障碍反应的条件性联系；二是对抗回避反应。但行为只强调可观察到的行为动作，是治标未治本，疗效是否持久，结论不一。

2. 药物治疗

严格地说并无一种消除恐惧情绪的药物，对单纯恐惧一般没有效果，但可用苯二氮卓药物来暂时缓解单纯恐惧，例如飞行恐怖。

3. 其他治疗

如松弛疗法等也有一定的疗效。

第六节　被严重破坏的安全感

1976年夏天，人类历史上罕见的唐山大地震逐渐平息。整个唐山城变成了一座死城，每天大雨滂沱，大地一片荒芜，城市早已变成了一片瓦砾。

而就在这样漆黑的深夜里，总是能够看到一对夫妇手拿铁锹在疯狂地挖掘，他们嘴里反复叨念着儿女的名字，从一片废墟挖向另一片废墟。他们执着地延伸，就仿佛已经看到了他们的儿女，而且完全不顾旁人的阻拦。经过当地民政部门的调查，事实上，他们的两个儿子和一个女儿早已经在地震中遇难，只是这一对夫妇完全不能接受这个事实。

这对夫妇的努力，整整持续了一周。几年后，这对夫妇又有了自己的孩子。然而这也无法冲淡夫妇心中留下的创伤，每年的7月28日前后，这对夫妇就心乱如麻，如万箭穿心般痛苦。那几天中，他们不看电视报纸，不听广播，不愿触及任何社会大众，总是将自己关起来才能稍微控制住自己的情绪。用他们的话说："每到7月28日前后，我们都要大病一场！"

遭受重大灾难后的患者，通常会经历诸如噩梦和头脑中不时记忆闪回，并有睡眠困难，感觉与人分离和疏远。经历过重大伤害性事件的人们，容易患上创伤后应激障碍。

海尔默至今无法忘记他的长官，那位号称“整理专家”的既严格又宽容的长官瑞秋，尽管他已经离开这个世界整整5年了。

伊拉克战争的时候，他们同在前线，海尔默亲眼看着自己的长官在一次轻武器短兵相接的交战中被杀。后来他总是想，如果当时自己多看他一眼，或者离他近一点，是不是就有能力阻止他的死亡？

怀念一个在自己面前瞬间阴阳相隔的人的情绪是复杂的，何况这只是折磨海尔默的众多噩梦之一。那一年，他只有23岁，却经历了无数的迫击炮、路边炸弹、火箭弹以及轻武器的袭击。当他的同龄人都在郊外搂着女朋友亲热的时候，他已经皮肤粗糙眼神苍老地无数次与死神擦肩而过了。

回家后，海尔默发现，战争让他改变了很多，曾经的单纯一去不复返，每天的精神折磨让他痛不欲生，脑海中时常出现血腥和死亡的画面。他长期失眠，或者从噩梦中惊醒；他有时候会难以自控地愤怒，从而做出一些具有破坏性的事情来；他在安静的环境中却总是显得很焦虑，有时候一个杯子掉在地上，都能让他惊得跳起来……

他们所经历的就是创伤后应激障碍（Post traumatic stress disorder; PTSD），指人在遭遇或对抗重大压力后，其心理状态产生失调之后遗症。这些经验包括生命遭到威胁、严重物理性伤害、身体或心灵上的胁迫。这类事件包括战争、地震、严重灾害、严重事故、被强暴、受酷刑、被抢劫等。PTSD发病多数在遭受创伤后数日至半年内出现。创伤后应激障碍又叫延迟性心因性反应。

海湾战争中，伊拉克导弹袭击以色列引起伤亡，有四分之一的士兵发生心理障碍；袭击期间，有许多人由于惊恐，不知所措，产生幻觉，心理反应异常而丧失战斗力，顿时溃不成军。

海尔默所患的就是战争心理应激，也是创伤后应激障碍的一种，它的发生与战斗应激的强度密切相关。战斗持续时间越长、伤员越多，应激障碍的发生率就越高。在艰苦的环境和条件下，比如疲劳、饥饿、冷、热，以及伤亡率高、战争前景渺茫等，也易发生战争性心理障碍。

创伤性事件

创伤性事件一般分为三类：

第一类为自然灾难：如地震（特别是2008年发生在我国四川的“5·12”汶川地震）、洪水、飓风、森林火灾、火山爆发、雪崩、山体滑坡等；

第二类为意外灾难：如火车、地铁、汽车的运输灾难；空难；海难以及环境灾难，如核灾难；

第三类为人为灾难（暴力、犯罪和恐怖主义引起的）：家暴、抢劫、枪击、爆炸、强奸、被拐卖、性侵犯、性虐待、拷打或关禁闭、人质劫持、战争（如战俘心理创伤）、恐怖活动。此外其他重要的生活事件，如重要丧失（失业、离婚、死亡等）；不公正待遇（“文革”被打成右派）；医疗事故；经历他人死亡过程等都可以导致心理创伤的形成。

并不是所有创伤事件都会形成个体的心理创伤，一般构成创伤的条件：

第一，事件本身的性质。包括现实的或害怕的死亡，以及严重的身体或情绪的损害；

第二，事件对于受害者的意义。有些体验对任何人都可能是创伤性的，如被侮辱，而有些事件则因人而异，这主要看它对当事人具有什么样的意义。

症状

创伤后应激障碍（PTSD）发病多数在遭受创伤后数日至半年内出现，主要症状有以下三个方面：

1. 闯入性体验——闪回（Flash back）

PTSD表现为在重大创伤性事件后出现一系列特征性症状。创伤性情境在患者的思维与记忆中反复地、不由自主地涌现，闯入意识中萦绕不去，梦境中亦经常出现。有时会出现“重演”性发作，再度恍如身临其境，出现错觉、幻觉、意识分离性障碍等。有时发生“触景生情”式的精神痛苦。持续时间可从数秒钟到几天不等，这种现象被称为闪回。

例如：曾有过直接参战经历的一位退伍军人，某天当一架直升机低空飞过时，他立即匍匐在地，认为敌机即将发动进攻，惊恐万状地寻找掩身之处。患者面临、接触与创伤性事件相关联或类似的事件、情景或其他线索时，通常出现强烈的心理痛苦和生理反应。时间发生在周年纪念日、相近的天气及各种场景因素都可能促发患者的心理与生理反应。

2. 回避反应

为了减轻闪回带给患者的痛苦，患者会对创伤相关的刺激存在持续的回避反应。回避的对象不仅限于具体的场景与情景，还包括有关的想法、感受及话题，患者不愿提及有关事件，避免有关的交谈，而创伤性事件后的媒体访谈及涉及法律程序的取证过程往往给当事人带来极大的痛苦。个别患者会对创伤性情景出现心因性遗忘，经历的事件被排除于记忆之外，即使经过提醒亦予以否认或无法回忆其重要部分。回避的同时，还有被称为“心理麻木”或“情感麻痹”的表现。患者在整体上给人以木然、淡漠的感觉。患者自己感到似乎难以对任何事情发生兴趣，对过去热衷的活动同样兴趣索然；感到与外界疏远、隔离，甚至格格不入；似乎对什么都无动于衷，难以表达与感受各种细腻的情感；对未来意懒心灰，轻则听天由命，严重时可能万念俱灰，甚至自杀。

这种回避反应一方面是个体的一种自我保护机制；但另一方面他会延缓个体PTSD的复原。

3. 警觉水平升高

患者的第三组症状是焦虑和警觉水平增高，表现为敏感、容易受惊吓，许多小的细节都会引起其比较强烈的反应，易激恼或易怒，注意力不集中等等。不少患者出现难以入睡、容易惊醒等睡眠障碍。

治疗

创伤后应激障碍的身心反应，是内心失去控制感，安全感严重被破坏的表现。通常人们认为世界是有规律的，只要做好充分的准备就能应变，所以内心就有安全感。一旦发生了重大的变化，内心的平衡就被打破，失去了对外在的控制感和安全感，这时人就会调动一些防御性的机制，比如否认或遗忘、选择性地回忆、高度警觉等。创伤后应激障碍需要专业的治疗。

人的心理机制是一套非常严密的系统，对人有很多种不可思议的保护措施。其中有一种应对强烈心理刺激的方式，就是否认机制，它让我们暂时感受不到强烈刺激的影响，以维持正常的身心状态。比如突然得知女儿在上学路上出车祸死亡的消息，妈妈不相信这是真事，而是认为孩子贪玩一会儿才回家。这样一种反应方式能够保护妈妈避免精神崩溃。

对创伤后应激障碍很有效的治疗方法之一，就是来自家人和朋友的支持。如果家人和朋友能经常给予一些安慰，那么那些伤痛就会慢慢地治好。另外，对于那些从小就得到父母充沛的爱的人，即使受到什么创伤，通常也不会陷入不再相信任何人的极端。他们会更容易接受来自周围人的支持，不会在心里留下大的创伤。

被强奸也是一件非常残酷的事。对于那些被强奸的女性来说，有些人可能会说一些特别难听的话，比如“本人也不怎么样吧，不然怎么会被别人盯上”。殊不知，这些话会对受害者产生更严重的伤害，也极有可能成为诱发创伤后应激障碍的原因。相反，要是周围人能够给予一些帮助和安慰的话，那么在受害者的心里就不会留下那么严重的创伤了。

但是，在教育孩子的时候，没有必要提及过分敏感创伤的问题。这并不是说平时对孩子就可以任意打骂，重点在于对孩子的爱。比方说，即使是训斥孩子，但只要孩子知道父母的这种训斥是为了自己好，那么就不会对孩子产生创伤。

创伤后应激障碍的心理反应不同于一般问题，受伤者的情绪问题不能像一般心理问题那样疏导，切忌在没有专业人员帮助的情况下引导受伤者宣泄创伤体验，以防二次伤害。这类问题需要专业的治疗，以帮助受伤者重建心理安全感和控制感。

第七节　一个身体有几个灵魂

《三面夏娃》，顾名思义就是一个叫夏娃的女人拥有三个面孔，拥有三种人格，这种现象叫做三重人格。这部影片与其说具有什么艺术上的价值，不如说更多的是心理学、人类学上的意义和思考。一个叫克丽丝汀的妙龄女孩，被介绍到有名的精神科医师普林斯那里求诊。因为其症状像歇斯底里症，所以普林斯以催眠术寻求她的病因，但在越来越深的催眠中，却发生了一件怪事：克丽丝汀好像变成了另外一个人。从她嘴里冒出的是另一个女孩的声音，而且以轻蔑的口气将克丽丝汀称为“她”。这个女孩自称是莎莉，以她的言行举止和语气，可以感觉出她是一个淘气，喜欢开玩笑的女孩子，而克丽丝汀则是传统温柔型的女孩。莎莉以不屑的语气说克丽丝汀是个优柔寡断，软弱的笨女孩。她似乎知道克丽丝汀的一切，但克丽丝汀显然不知道莎莉的存在。慢慢的，莎莉豪放的作风表露无遗，像普林斯要烟，把脚跷到桌子上。但解除催眠后，克丽丝汀清醒过来，却对自己拿着烟，脚跷到桌子上的行为感到惊骇莫名。有一天，普林斯打电话到克丽丝汀家中，又发生了一件更奇怪的事。接电话的她居然又变成了另一个女人！！从语气上听起来，她是一个成熟，有责任感且有自制力的女性。这个成熟女性是克丽丝汀的第三个人格。

原来，克丽丝汀有三个人格。日常生活里刁蛮的莎莉不时会“出来”取代文雅的克丽丝汀，而她的第三个人格，成熟且有责任感，则扮演收拾残局者。举例来说，会更明白些。有一次，克丽丝汀搭火车准备去纽约找一份工作，在火车上，莎莉突然冒出来，于是她在中途下车，到一家餐厅当女侍。克丽丝汀觉得这个工作无趣而且辛苦，但却无计可施。最后，第三个人格出现，当掉了克丽丝汀的手表，买了回波士顿的车票。但在途中，莎莉再次出现，并拒绝回波士顿的那间破旧小屋，反而到别处租了一间新房子。最后，克丽丝汀“醒来”，发现自己睡在一张奇怪的床上……

普林斯认为，克丽丝汀和第三个人格才是病人的“真正自我”。于是他利用催眠暗示，尝试将这两个人格整合。至于刁蛮的莎莉，普林斯则决定将她驱逐出境。

之后，普林斯发表了治疗报告。在报告里，克丽丝汀似乎恢复成一个正常的女性。但后来，在普林斯的著作里，他提到，莎莉并未真正消失……她仍会偶尔冒出来，向克丽丝汀开一些刁蛮的玩笑。显然，这是一个“多重人格”的个案。

《化身博士》一书中主人翁——杰奇医生，一个家财万贯、遐迩闻名、道貌岸然的大善人，因抵挡不了潜藏在天性中邪恶、狂野因子的怂恿，发明了一种药水，可以将平时被压抑在虚伪表象下的心性，毫无保留地展露出来；同时因人格心性的转变，身材样貌也会随之改变。因此，原本一个社会公众认为行善不遗余力的温文儒雅之士，一旦喝下药水，即转身一变，成为邪恶、毫无人性且人人憎恶的猥琐男子——海德；一个是善的代表，另一个则是恶魔的化身。

《化身博士》是一部想象力相当丰富的作品，且因为书中人物杰奇和海德善恶截然不同的性格让人印象深刻，后来“Jekye and Hyde”（杰奇与海德）一词竟成为心理学“双重人格”的代称。

一本有关多重人格的书叫做《24重人格》。在书中，作者卡梅伦·韦特，本身是塞布鲁克研究生院心理学博士，他讲述自己在人到中年时，突然发现自己患上多重人格分裂症。他发现身上除了自身之外还有其他的23个人格。在这23个人格中，有4岁小孩，有8岁的，有年长的，有男的，也有女的。当他面临困境需要做出不同抉择时，这些人格就会迸发出来代替他自己。他被这些时不时冒出来的人格搞得焦头烂额。其实，如果我们了解他的成长经历的话，对此就不会觉得诧异和惊奇了，因为他的很多人格都是在小时候受到性虐待时分裂出来的。书中有一段讲述他正和妻子在办事时8岁的人格突然冒了出来，然后这个8岁的人格又被其他的人格吓到了。有紧急的事情发生，他自己觉得没有体力和精力去完成这件事情时，就会有一个强势的人格挺身而出，以解燃眉之急。

一般人性格中都有一定的一致性与稳定性，在不同的情况下都表现出相近的行为形态。具有多重人格的人，则表现出分离反应，在不同时间与地点会表现出截然相反的行为形态。但行为背后的性格，也有完整的独特倾向，并且常常泾渭分明。

双重人格的人，往往不自知其事，表现出另一行为与性格之后，完全将当时的情形忘记。这不同于并存意识人格，当事人在一种人格的支配下做出个体行为时，另一种人格还在无意识地发挥作用，并清楚地知道他在做什么。

一般说来，在任何特定的时间阶段，在内心中的各意识层面只会有一种身份，称为主体人格。此时所有的情感、思想和言行都按照主体人格的方式活动，不显出另一身份的痕迹。某个特定时间，通常是在受到精神刺激之后，可突然转变为另一完全不同的身份，一切情感、思想和言行按照后继人格的方式行事。这时，个体对过去的身份完全遗忘，仿佛从心理上换了另一个人。从一种人格到另一种人格的转化通常是突然发生的，当后继的人格开始“执政”时，原先的主体人格刚开始是意识不到的，并忘却业已发生的事情。

在一个身体里住着好几个灵魂

多重人格是一种心性身份的障碍，即由心理因素引起的人格障碍。在1980年出版的《精神疾病诊断和统计手册》第三版中，把多重人格界定为：“在个体内存在两个或两个以上独特的人格，每一个人格在某一特定时间占统治地位。这些人格彼此之间是独立的、自主的，并作为一个完整的自我而存在。”

多重人格具有超过一个（若是2个则称为双重人格）的人格存在，就有如“在一个身体里住着好几个灵魂”。事实上它有过多种名称，在CCMD-3中称为“癔症性身份识别障碍”，属癔症；在ICD-10中称为“多重人格障碍”，属分离（转换）性障碍，在DSM-IV中称为“分离性身份识别障碍”，属解离型障碍。1994年美国精神病学会将分离性身份识别障碍定义为该病症的国际统一正式名称，也就是强调此病的患者是自我同一性“身份认知”出现了问题。

自我同一性和人格本来就是不同的概念。自我同一性，是自己给自己下的“我是谁”的定义。“我是男人”、“我是医生”、“我是父亲”……自我同一性就是这些东西的集合。

但是这里有一个条件，并不是自己觉得“这个是我”就一定能够作为身份被承认。如果不能得到其他人一定程度的认可，我们就不能说这是正常的身份认知。例如，有个人无凭无据地认为“我是来拯救世界的”。对他本人而言，“我是救世主”是身份认知的一部分，但是这不能算是正常的身份认知。虽然身份认知有这样的附加条件，但是它仍然是“对自己而言的自己”。

原因

对于多重人格形成的原因，从历史上出现的仅有的100来例和电影中所描述的来看，多重人格的形成往往与主人公在价值观意识逐渐成熟但有不够成熟的少年或者青年时期，遭遇过严重的精神上的打击而造成的。如遭受虐待、家庭的不幸、亲眼目睹杀人而又无法承受杀人的场景等。多重人格都是由于精神世界受到了外界的巨大打击，无法承受，而分裂成了多个人格，就像一面“人格”镜子被“打”碎了一样，本来一面镜子只能反映出一个自己，但是被打碎了过后，每一面小镜子都能反映出一个自己，但是又由于镜子不一样，镜子里面的自己和原来完整的镜子中的自己会有一定的不一样。而且镜子中的每一个自我都有一定的几率成为主要的自我，因为自己只能从镜子中看到自己，而自己又无法分辨哪一个是真实的自我。而且每个人的“人格镜子”厚度不一样，人格越成熟，镜子越厚，越不容易被打碎。而一个人在童年、青少年时期，尚处于人格形成和成熟时期，这个阶段“人格镜子”是正在渐渐加厚的阶段，这一段的镜子的外界保护逐渐被褪去，所以这一阶段的镜子是最容易被打碎的。

在精神分析学派看来，多重人格的实质是心理过程的分离。一部分行为和经验被单独保持，彼此之间没有交流，后继的人格通常能意识到主体人格的存在，但却把它看作客体（“他”、“她”或“它”），而把自身看作主体（“我”）。当分离尚未全面时，主体人格还有可能意识到另一种人格的存在，但通常把自身看作“我”，而把另一种人格看作为“他”、“她”或“它”。可是，当分离全面进行时，主体人格便会忘却自己的身份，并由后继人格取而代之。当主体人格或是客体人格共存时，有可能使双方或是多方的意见不一致，进而导致极端行为。

后继人格和主体人格在其情感、态度、知觉和行为等方面是非常不同的，有时甚至会处于激烈的对立面。在主体人格是积极的、友好的、顺应社会的和有迹可循的时候，后继人格很可能是消极的、攻击的、逆社会的和杂乱无章的。

造成此类患者的原因是儿童时期的不正当教育！不正当教育致使儿童停留在某一特定的阶段，像个阴谋家一样等待时机，释放自己的阴谋。好奇、贪婪、贪玩、幼稚是小孩在儿童时期的主格。主格使儿童在接受教育的同时接受或排斥正当与不正当的诱导与诱惑，从而产生分离。分离的人格将会暂时潜伏在主格的压制之下，使分格患抑郁症。次格有可能分离性地表现在主格的生活中，而主格有可能暂时或长期无法意识到此类表现，从而招致更多的来自外界的压制，进而导致恶性循环。

治疗

多重人格最理想的治疗方式为重整病人的整合人格结构，比如让他们摆脱孩童期被虐待的创伤性经验的阴影，让他们学会用成熟的方式去面对压力，不要遁入不成熟的人格特质或行为模式中。且需要药物治疗配合心理治疗师去做心理重建。这样的治疗过程，通常充满艰辛、挫折，需要无止境的包容、关怀与耐心及高度的心理治疗技巧的。

治疗师通常设法帮助病人：完全了解他们的病患性质、恢复记忆缺口、统整他们的副人格，变成一个功能性的人格。

在医学上，对于“多重人格”的记录并没有很多，现今也没有明确的治疗方式，多重人格在现代来说，还是很懵懂的一块区域。

第四章

别让他人操纵你

- 集体服毒为什么
- 刻板印象的威胁
- 互惠：欲取必予
- 人性的盲从与脆弱

第一节 集体服毒为什么

1978年11月18日，一个名叫“人民圣殿教”的美国教派的913名信徒，突然在该教派设在圭亚那首都乔治敦附近的一个营地里集体服毒自杀。

在“人民圣殿”教派中，除了年轻人之外，还有许多早在加利福尼亚州时就追随琼斯的中下阶级人士。当时许多政治家也支持琼斯提出的解决社会问题的纲要。后来传言，他强迫教徒将财产转让给他，并阻止人们退出教派，这时人们才对他心生怀疑。之后不久琼斯率教徒迁往圭亚那热带丛林，努力开垦荒林，并将居住地取名琼斯敦。

随着时间的推移，“人民圣殿教”的丑行接连曝光：体罚虐待（甚至连4个月大的婴儿也不放过）、身心摧残以及教主琼斯贪污、勒索、乱搞男女关系等。

“人民圣殿教”的丑行终于引起了美国国会部分议员的重视。1978年11月14日，众议院民主党议员瑞安出发访问琼斯敦，同行的有不少知名记者和6名亲属代表。17日，瑞安在圭亚那首都乔治敦会见了琼斯的律师和代表，经过反复交涉，他们终于获准前往。

议员瑞安见到了琼斯，还和30名信徒进行了交谈。当晚，瑞安一行被要求回凯图马港过夜。然而，就在汽车临行前，有人偷偷塞了张字条，请求议员带他们逃离此地回国。第二天，琼斯在记者们的尖刻逼问下终于垮了：“让他们走，让他们都走。走的越多负担越轻……”

瑞安一行急忙带上那十几个“叛逆者”，乘车奔往凯图马港。在他们等待和登上飞机的时候，琼斯敦开来一台拖拉机，上面载着6名枪手对着瑞安一行开火。而在要求离开的人当中竟然还有一个是奸细！

琼斯命令他的追随者自杀，因为这之前他知道前往调查的美国众议员瑞安的一些随从逃脱了他们的伏击。早些时候琼斯曾经说过，如果他的社团被攻击的话，他将毁灭这个团体。他曾经训练他的追随者做自杀仪式，而他们没有谁进行反对。

此时，夕阳西照的琼斯敦已是风声鹤唳。高音喇叭中传来吉姆·琼斯的声音，命令所有人到大帐篷紧急集合。约两公斤氰化物被倒进一个装满自制果汁的大铁桶。琼斯以不容置疑的口吻说：“大家都必须死，一个也不能少。如果你们像我爱你们那样爱我的话，大家就一起殉道……”

第一个响应的是一名年轻妇女。她镇静地走向那个掺有氰化物的自制果汁的大铁桶，舀起毒药给她的婴儿喝了一口，自己也喝了一口，然后坐下。四分钟之内两人便在抽搐中死去，然后其他人也效仿。

913名教徒中，只有两名（都是年轻姑娘）反抗，其余全部如痴如醉，服服帖帖受死。临死之时，一家人抱在一起，一对对恋人抱在一起，因为他们认为这样子在另一个世界又能相逢。“人民圣殿教”原有严酷的戒律，如青年男女间不能有亲昵行为，夫妻相聚必须报琼斯批准，违反者受严刑拷打并被捆绑示众，死亡却打破了这些戒律。

后来据来自圭亚那的消息说，当地警方第二天清晨飞临出事地点，尸体密密麻麻遍地都是，其状惨不忍睹。最后，清理出死亡者人数913人！整个事件只有5名幸存者，3人在临出事前被派出执行任务，另外2人是年过八旬的老弱病者，他们因行动不便而没有参加集体行动。

这些教徒们为什么会如此顺从地走向死亡？人们提出了很多种不同的解释。有人说是因为教主琼斯的个人魅力，他风度迷人，人们对他就像救星一样爱戴，像父亲一样信任，像国王一样尊重。也有人说是因为教徒们自身，他们大多贫穷、没有文化，愿意放弃思想和行动的自由来换取一片安排好的安全天地。

可是，世界上领袖魅力十足、信徒依赖性十足的团体并不少见，没有哪个像人民圣殿教这样，教主一声令下教徒们就集体慷慨赴死的。究竟是什么造成了这场集体自杀的悲剧？美国亚利桑那州立大学心理学教授罗伯特·西奥迪尼认为问题出在教徒们的社会认同心理上。

一个人仰着脖子晃动着脑袋往天上看，旁边的人好奇地以为他在看流星或是什么比较吸引人的东西，也跟着向天空东张西望。其实，这位先生只是脖颈酸痛，做做放松活动，并非观察天空，而那些跟着仰望星空的人却在从众心理或者说是社会认同心理的影响下做出了同样的举动。从众心理就是看到大多数人在做某一件事情，便会不自觉地做同一件事，以多数人的意见为准则，进而作出判断的心理。比如，看到别人献血，自己也去献，看到别人没有遵守交通规则，自己也不遵守。这都是社会认同原理在起作用，你不由自主地选择了身边的人作为参照物，你在不断寻找大家一致的社会认同。

每个人都追求区别于他人的自己。如果所有人都一样，那么就搞不清哪个是自己，哪个是他人了。自我同一性和人格之所以重要，恐怕就是因为它们所包含的因素可以说明“我与别人在这里不同”。但是如果只考虑区别于他人的自己，那也无法得到平静的心理。举个极端的例子，如果自己从头到尾都和所有人不一样，那就无法确定自己是不是人了。这种状况不仅会令人不安，也会让人丧失对自己的认识。

所以，我们同时也需要“与大家相同的自己”，也就是需要“我与别人一样也是人”的这种感觉。“区别于他人的自己”和“与大家相同的自己”这两种相反的感情在我们心中取得平衡时，“自己”才得以确立。

如果希望做“与大家相同的自己”，那么就需要迎合大家拥有的价值观。很多来到日本的外国人在觉得生鱼片好吃时，就会产生“我已经融入这个国家”的安全感。可见，为了实现“自己是自己”，就不能忽视他人的存在。也就是说，为了心理或生理上的安全，人们习惯于从众。

1952年，美国著名的心理学家所罗门·阿希，为了了解人们是否会受到他人的影响，曾进行了一个实验。实验的具体内容如下：他告诉前来参加实验的大学生们此次实验的目的是研究人的视觉。在大学生们走进实验室前，他们事前安排好5个人装作等候做实验的人，这时来参加实验的一名大学生走进了实验室，当他发现已经有5个人先坐在那里时，他便坐在第六个位置上。于是，实验正式开始，阿希拿出两张画有竖线的图片，一张图片上面有三条线段；另外一张图片中有一条线段，他要求参与实验的大学生比较线段的长度，并指出等长的线段。事实上这些线条的长短差异很明显，正常人是很容易作出正确判断的。此次实验一共进行了18次，然而，在两次正常判断之后，当前5个参与实验的人，一致认为其中有两条线段是等长的时候，于是那些参与实验的大学生开始迷惑了，最终的结果是有33%的人受到了从众影响，有76%的人至少受了一次性的从众影响，只有24%的人没有受到从众影响。而按照正常思维，人们判断错的可能性还不到1%。阿希的实验让人们都感到吃惊，谁误导了那些参与实验的大学生，阿希，还是参与实验的人？图片还是线段？心理学上认为都不是，而是人们习惯性的从众心理。实验中前5位实验参与者用错误的答案，影响了第6个人最终作出的判断，进而引发出这种错误的认知。从影响力角度而言，这便能够让试图影响他人的人，利用这种心理来有效地影响他人。

歌德说："不管努力的目标是什么，不管他干什么，他单枪匹马总是没有力量的。合群永远是一切善良思想的人的最高需要。"正是这种心理，使越来越多的人投入到同一行为或者同一件事情中，即使这件事情是错误的，他们依然会毫不犹豫地继续。

如果没有了他人，那么实现"区别于他人的自己"和"与大家一样的自己"，都是无从谈起的。心灵，终归是在人与人的相互影响作用中存在的。

中国有句俗话："一人胆小如鼠，二人气壮如牛，三人胆大包天。"这句看似庸俗简单的话，形象且精辟地说明了人们的从众心理。

生活中人们会习惯性地效仿他人，进而失去了自我。"当一个人失去自我，没有'自爱'的时候，也便不能更好地影响他人。只有'自爱'的人，才能征服自己，影响自己，进而更有效地影响他人。"身为著名指挥家的小泽征尔，便曾用这样的方式有效地影响了评委。比赛进行时，有一些参赛选手发现乐谱有问题，他们跟评委说了，评委一口否定，前面的参赛的选手便无话可说，继续指挥。轮到小泽征尔了，小泽征尔发现乐谱有问题，大胆地向评委提出，评委还是一口否定。小泽征尔肯定地说："一定有问题。"评委们突然站起来为小泽征尔鼓起掌来。原来这只是评委们设的圈套，评委们想看看到底谁才配做世界一流的指挥家。

与众不同是要承受很大心理压力的，人们正是畏惧这样的心理压力，所以，多数情况下才会选择从众的思想以及行为。

社会认同原理指出，我们进行是非判断的标准之一就是看别人是怎么想的，尤其是当我们要决定什么是正确的行为的时候。如果我们看到别人在某种场合做某件事情，我们就会断定这样做是有道理的。不管是电影院内的空爆米花盒子应该怎么处置，在某段路上车应该开多快，还是在宴会上应该如何吃鸡，我们周围的人的做法对我们决定自己应该怎么行动都有很重要的指导意义。

也就是说，我们的行为是符合大众行为的，不属于另类独行的，总是在大众可理解的规范上作出言语或者行为才能得到认同，当然，这个标准是根据不同年龄、层次的人群而自然形成的一个有效的团体认同。

社会心理学家西奥迪尼并没有像电视机前的一般观众那样，只顾着惊叹可怕的死亡场景。这场悲剧中有一个特别的地方引起了他的注意：为什么教主琼斯要把他们的营地搬到南美洲圭亚那的丛林地带去?

西奥迪尼分析，这正是教主琼斯邪恶天才的体现。他清楚地意识到，将他的营地从旧金山迁移到习俗迥异、人地两生的圭亚那丛林会对他的追随者造成多么巨大的心理冲击。一夜之间，所有的人发现自己来到了一个完全陌生的地方。这个他们突然掉进去的环境，无论是自然还是社会是如此神秘莫测、险象环生，他们一定感到自己的生活充满了未知和不确定性。

在这种不确定性中，人们不知所措，常常就会模仿旁人的行动，而他们最容易模仿的就是跟他们相似的人。遥远而陌生的圭亚那就仿佛无边无际的大海上的一个孤岛，对于“人民圣殿教”的信徒们来说，在这里除了一道迁移来的其他信徒再也找不到别的相似的人了。于是，教主琼斯利用这次迁移轻而易举地将信徒们的社会认同掌握在了自己的手中。

此时，对于那些可怜的信徒来说，一件事情正确与否在很大程度上取决于深受琼斯影响的其他信徒的所作所为。当他们刚听到死亡命令的时候，一定也会不知如何是好，于是他们开始观察周围的人，以确定该做出怎样的反应。

有一批人迅速地、心甘情愿地喝下了毒药。在任何强势领导人统治的组织内都会有几个这样盲从的人。他们的表率作用造成了不可低估的影响。其他人都在观察自己的周围，以对这种形势作出判断，发现别人竟然全保持着平静。其实大家都在不动声色地观察，可惜却被彼此误认为耐心地等待喝下毒药是正确的行为。于是，在令人毛骨悚然的镇静中，913人集体走向死亡。

“人民圣殿教”的悲剧是发人深省的。我们又能做些什么保护自己呢?

西奥迪尼指出，我们不可能放弃社会认同，因为这是人类社会的重要工具，就像是飞机上的自动导航系统。正是因为有了这种自动导航系统，我们才能够迅速地判断出自己该做什么、不该做什么。

但是，我们不应该毫无保留地信赖自动导航系统，因为它接收到的信息可能是错误的。只有自己具备清醒的头脑，才能引导你的飞机走出迷雾，飞离孤岛。

在销售中，销售员常会碰到这类客户，在与他进行洽谈时，常常不理不睬。那么，如何才能避免客户对你产生抵触心理呢？“目前我们真的不打算购买这种商品。”当客户说出诸如此类的话时，销售人员不应该太在意。销售人员应该多观察客户的心理变化，你可以这样回复：“没错。当我第一次拜访你们这一行的人时，他们中的大部分人也都是这样想的。但是现在他们成了我们最好的客户，并且把他们的朋友也推荐给了我们。”当客户听到这些话时，他会立刻停下手头的事情，开始注意你。他几乎总是说：“哦，真的吗？那么它是什么东西呢？”这样一来，销售人员便化解了客户的抵触情绪。

社会认同来自于其他人，比如那些已经购买了商品或服务的人。这就好比有些人在生意或是共同的兴趣和信仰上与我们类似，当听到这些人购买了一些商品后，我们都会有一种立刻想知道他们购买的商品是什么的心理。而如果大批和我们类似的人都购买了某个商品，我们几乎会自动地认为这个商品对于我们来说，也是正确的选择。

盲从或者盲目认同，不易获得成功。按照二八原理，比较容易获得成功的人，往往属于占20%的一小撮；而那些盲从的人，因为随大流，必然会沦为80%的庸人。以经济领域的例子来说事儿。在一个交易市场中，往往是一小撮人进行正确的操作，大多数人进行错误的操作。因此，那一小撮人得以从大多数人身上获利。巴菲特曾经有句名言——在大家恐惧时贪婪，在大家贪婪时恐惧——可以形象地说明这一现象。当然，不盲从，并不能保证一定成功；但是盲从，一定不能获得成功。

还有一些社会认同的例子，可供参考：

1. “维特效应”

“维特效应”一词，来自于大文学家歌德所写的小说《少年维特之烦恼》。在小说中，主人公维特最后是自行了断。据说该作品面世之后，风靡欧洲，很多粉丝也效仿书中维特的做法去寻死。所以，“维特效应”就成了效仿自杀的代名词。

维特效应听起来好像蛮荒唐的，但确实存在。美国有个心理学家统计了二战后连续20多年的自杀数据，发现一个规律——如果报纸上对某起轰动性的自杀事件进行大肆报道，那么在其后2个月内，该地区的自杀人数会有所上升。与此类似，富士康的跳楼事件，经过媒体大肆报道后，跳楼人数不降反升。维特效应的根源是什么呢？这就是本文的主题——社会认同原理。

2. 流行时尚

很多时尚的、流行的玩意儿（例如时装），就很大程度得益于社会认同。

当人们在街道上、影视节目中看到别人都穿着某款时装，则自己也会倾向于穿类似的衣服。效仿的人多了之后，就会再带动更多的人，最终形成“潮流”。

3. 交易市场的跟风

各种商品交易市场，也经常因为社会认同原理，发生跟风现象。

在国内，有很多不明真相的股民，对股票的基本知识一无所知。他们只是看到周围一些人买了某个股票，也就被吸引去买了该股票（全然不管该上市公司是干什么行业的，有啥盈利模式）；然后随大流的人逐渐增多，使得社会认同效应增强，并吸引更多的人跟进；最后把某个价值不高的股票，炒成天价。

第二节　刻板印象的威胁

闲来无事唠嗑，每每会谈到身边认识的人的性格，四川人性格火暴，上海人精明爱计较，东北人豪爽阔气。心理学上把这种现象叫做“刻板印象”。这个概念最早在1922年由一个叫Lippmann的记者提出来至今，就一直有大量关于这方面的传媒学、心理学和社会学方面的研究。

这些地域刻板印象确实也得到一些心理学研究的证实，比如李春凯等人（2009）曾经在华东师范大学学生中进行过一个对上海人刻板印象的调查，让上海籍和非上海籍的学生用形容词形容他们心中的“上海人”，结果跟大家的“常识”既有吻合的地方，如出现频率最高的形容词是虚伪、小气、自私、刻薄等代表小市民习气的词，也有勤奋上进、独立、能干等正面词的描写。

我们还常听人说的“意大利人比较浪漫”、“女人比较善变”等等，实际上都是给一个人群“贴标签”，也就是对这个群体形成了“刻板印象”。刻板印象（Stereotype），是我们对人的一种特定的看法。

心理学家曾做过这样的实验：将一个人的照片分别给甲乙两组看，照片上此人的特征是眼睛深凹、下巴外翘。对甲组的人介绍说“此人是个罪犯”；给乙组的人介绍说“此人是位著名的学者”，然后，请两组人分别对此人的照片特征进行评价。

最后甲组人认为，此人的眼睛深凹表明他很狡猾，下巴外翘则反映他有顽固不化的性格；乙组人则认为，此人眼睛深凹表明他的思想很深邃，下巴外翘则反映他具有探索真理的顽强精神。

为什么两组人对同一照片的面部特征所作出的评价竟有如此大的差异呢？原因很简单，就是人们对社会各类的人有着一定的定型认知。把他当罪犯来看时，自然就把其眼睛、下巴的特征归类为狡猾和顽固不化，而把他当学者来看时，便把相同的特征归为思想深邃和意志坚定。这些认知都受到了刻板印象的影响。

一个典型的刻板印象会有几个特别醒目的特征：

特征一：对人不对事，刻板印象的对象是某一类人或某一个群体的。最常有的刻板印象群体有：男人、女人（性别），黑人、白人、黄种人（人种），中国人、日本人、美国人（国别），异性恋者、同性恋者、双性恋者（性取向），科学家、农民、工人、艺术家、老师、医生、律师（职业），70后、80后、90后（出生年代）。

特征二：超级大众脸，就是一种普遍认为某群人共有的特征。“什么东西都吃”就是一种被普遍认同的广州人的特点。更平易近人一点的例子就莫过于星座了，“你的性格这么分裂，一看就知道是典型的双子座的”，“金牛座的男生都超粘人的”。

第三个特征就是“跑得快”。心理学家相信刻板印象是人的一种大脑自动化加工的过程，通俗点说就是自然而然、不经意间迅速产生的一种看法。当然，有些人可能会注意到这样不礼貌或者场合不对，不会说出来，不过，在大多数时候，我们的理性思维在和我们的刻板印象赛跑时却往往是手下败将。

总结来说，刻板印象就是我们对某一类人的所具有的特征的高度概括，而且这种想法往往是快速而自发完成的。

“物以类聚，人以群分”，居住在同一个地区、从事同一种职业、属于同一个种族的人总会有一些共同的特征，因此，刻板印象一般说来都还是有一定道理的。但是，“人心不同，各如其面”，刻板印象毕竟只是一种概括而笼统的看法，并不能代替活生生的个体，因而“以偏概全”的错误总是在所难免。

刻板印象并不是一成不变的。早在20世纪30年代，普林斯顿大学的Katz和Barly就已经发现这种对不同种族的人贴标签的现象，他们找来100个自己学校的学生，让他们从一堆形容词中选出适当的词分别来描述10个不同的种族群体（例如犹太人，中国人，拉美人等）的典型特征，通过归纳概括得出各个种族的刻板印象。之后，大约每隔20年（Gilbert，1951；Karlins，1969；Grant & Holmes，1981）就会有人把这个测试重做一次，结果发现这些刻板印象发生的改变也蛮大的。比如Karlins的研究对比了1933年、1951年和1967年学生对中国人的评价，发现最开始位居高位的是迷信、有心计、保守、爱传统、重视家庭和勤奋。但是几十年过去了，说中国人迷信狡诈的人越来越少了，人们觉得尊重传统、热爱家庭和勤奋才是中国人的核心特质。相信现在再做一次测试，结果又会大不同了。

刻板印象的形成，主要是由于我们在人际交往过程中，没有时间和精力去和某个群体中的每一成员都进行深入交往，而只能与其中的一部分成员交往，因此，我们只能“由部分推知全部”，由我们所接触到的部分，去推知这个群体的“全体”。可以这样说，刻板印象就仿佛是大脑在加工外界信息时的一个节能装置，能够在短时间内快速对一个群体进行分类，然后快速地激活相应的特征。

第三节　互惠：欲取必予

中国有一句俗语：吃了人家的嘴软，拿了人家的手短。任何人都不希望背后被同事或者朋友说成是小气鬼，一旦被朋友请了一次客，就要牢牢地记住对方请客用了多少钱，并努力争取尽快回请这个朋友，并计划支出相应的金额。这其实就是回报的心理作用。

“欲取必予”，不无道理，在自然界也有着这样的生存法则。在非洲，有一种蝙蝠以吸食其他动物的血液为生，如果连续两昼夜吃不到血就会饿死。科学家发现，蝙蝠在饱餐一顿后，往往会把自己吸食的血液吐出一些来反哺那些濒临死亡的同伴，尽管它们之间没有任何亲属关系。有趣的是，蝙蝠们优先回报那些曾经向它馈赠过血液的个体，而不会继续向那些知恩不报的个体馈赠血液。

著名考古学家查理德认为，人类之所以成其为人类，完全要归功于互惠系统。他说：“我们能够成为人类，是因为我们的祖先学会了在一个公平的偿还网络中分享他们的食物和技能。”

尽管埃塞俄比亚自己手头也不宽裕，但他们还是决定捐钱给墨西哥。因为在1935年，当埃塞俄比亚受到意大利的侵略时，墨西哥也曾经给埃塞俄比亚提供过援助。

中秋节，往往是刚送了这家月饼转身月饼又会送回来，这样的你来我往有没有必要呢？心理学上的“互惠”告诉我们，回赠和感谢能让彼此的情谊继续下去。中秋节的魅力不在于月饼，月饼的魅力不在于好吃，而在于人们有了一个送礼的理由。中秋节拉开了接下来圣诞、元旦、春节、元宵节交换礼物的序幕，别以为收到礼物之后从此就可以过上幸福的生活，其实脑袋不能休息，要继续盘点收了哪些人的什么礼物，择时即使不能本着“滴水之恩当涌泉相报”的原则回赠，至少也要找机会等价奉还。小孩子最喜欢过年收压岁钱，却不知道自己有多少进账就意味着父母有多少花销。日本人在给予他人，尤其是陌生人帮助或送礼物时都会比较谨慎。因为在他们的文化中，所有“情义”都要毫厘不差地报答，否则就会被认为人格破产，所以在给别人帮助的同时也是在为他增加负担。

其他文化中虽然没有那么严格，但这种报答别人恩情的行为却是人类共有的。

康奈尔大学心理学家丹尼斯·雷根（Dennis Regan）曾经在20世纪70年代做过一个推销员实验，巧妙地利用了人们的“互惠”心理。他让助手指导参与者填写调查问卷，完成之后宣布实验结束，“顺便”请参与者帮忙买几张彩票，“买一张算一张，越多越好”。参与者不知道这时候才是实验的关键时刻，还以为只是助手的私下行为，他们平均每人会花上25美分买1张彩票。但在另一种情况下，他们却平均每人买了2张，甚至有人买了7张。

是什么办法让人们购买的彩票数量翻了一倍？在后一种情况下，助手趁参与者填写问卷的时候出去买了两罐饮料，回来随手分给了参与者一罐。虽然只有10美分，但参与者还是感受到了交往中的逆差，买彩票给了他们一个机会去平衡这种心理上的不适。

免费试用已经有着很长的历史了。一般的做法是把少量的有关商品提供给潜在的顾客，并说明这样做的目的是让他们试一下看自己到底喜不喜欢这个商品。从制造商的角度来说，让公众检验他们的商品的质量当然是一个很合理的愿望。但免费试用的妙处却在于，免费试用的商品也是一种礼品，因此也能够利用互惠原理的力量。

然而并非只有用“涌泉”去报答“滴水”才能让互惠传递下去。沃顿商学院教授亚当·格兰特（Adam M.Grant）和同事们发现，一句真诚的“谢谢”就可以让人更愿意再次帮助别人。他们虚拟了一个人物随机给一些HR发送了同样的电子邮件，请求帮忙修改求职信。收到回信后，一部分人热情感谢，另一部分人表现淡定。在第二次用另一个虚拟人物给这些HR发邮件后，曾经得到热情感谢的66%的人再次帮助了第二个人，而没有得到热情感谢的，只有32%的人这么做了。因为那些热情的感谢让收件人的自尊得到了很大的满足。

第四节　人性的盲从与脆弱

无论比尔·盖茨随便说了些什么，整个世界都会洗耳恭听；无论巴菲特有什么些许暗示，华尔街的股市都会剧烈波动。大人物的影响力无处不在，甚至会形成一种类似迷信的权威，我们在别人的判断下改变着自己的判断，并且心悦诚服。

我们从一出生就被告知，服从权威是应该的，而违抗权威则是不对的。这个信息在父母对我们的教导中，在学校的童谣中，在我们童年时代读过的故事和唱过的歌中无处不在，而且一直延伸到我们成年后所遇到的法律、军队和政治系统中。在所有这些教诲和经历中，对规则的服从和对权威的忠诚都得到了很高的评价。

实际上，来自权威的信息在很多情况下都为我们提供了一条行动的捷径。遵从权威人物的意愿对我们来说通常都是一件很实际的事情。当我们年幼的时候，老师和父母就是我们心目中的权威人物，我们发现听他们的话是很明智的——这当然是由于他们拥有更多的智慧，但另一方面也是由于他们就是决定赏罚的人。成年以后，因为同样的原因，我们还是愿意接受权威的忠告，只不过现在的权威人物变成了雇主、法官和政府。因为他们所处的有利位置，他们可以接触更多信息，拥有更多权力，因此按照他们的意志行动大体上是错不了的。而正是由于我们对这点深信不疑，我们也很容易走进一个误区：有时候权威的话并没有那么有道理，可我们还是会毫不犹豫地按照他们所说的去做。

斯坦利·米尔格拉姆教授（Stanley Milgram）20世纪60年代在耶鲁大学做了可能是心理学历史上最著名的一个实验。这实验让人认识到了人性的盲从与脆弱。

实验是这样的——

他找到志愿参与者，然后跟他们解释，该实验是研究处罚在学习与记忆中的作用。一个参与者的任务是记忆一系列单词，他的身上接有电极，当他出错后，另一位参与者负责按下电门，每增加一次错误，电击强度增加15伏，直到人类难以忍受的450伏。

你当然愿意成为那个按电门的人。

在这个实验中，那个倒霉的受罚者是扮演的，他的各种痛苦表情，包括苦苦哀求，倒地挣扎，都是天才的演出。

到底会有多少人会按下最高450伏的电流呢？在实验之前，米尔格拉姆教授的学生、同事认为，只有1%～2%的人会如此糊涂；几十名精神科医生更评估为1‰的小概率事件。

结果是63%的人忠实地执行了惩罚命令。

该实验的核心设置是一位权威打扮者命令惩罚者按下电门——这个角色消失，或者指令不那么明确，或者两位指示者发出矛盾的指令，则惩罚者会放弃电击。权威消失，盲从就减少了，只要装成权威，盲从就增加了。

米尔格拉姆教授做此实验原本是想弄清楚，为什么以理性自称的德国人，竟然会对希特勒屠杀犹太人毫无反抗。他找到答案了。

同样是在20世纪60年代，有个地方做了同样的实验，参与人数是米尔格拉姆教授的上百万倍。

米尔格拉姆在他的文章“服从的危险”（Milgram，1974）里写道：

“在法律和哲学上有关服从的观点是意义非常重大的，但他们很少谈及人们在遇到实际情况时会采取怎样的行动。我在耶鲁大学设计了这个实验，便是为了测试一个普通的市民，只因一位辅助实验的科学家所下达的命令，而会愿意在另一个人身上加诸多少的痛苦。当主导实验的权威者命令参与者伤害另一个人，并让参与者听到那人的痛苦尖叫声，即使参与者受到如此强烈的道德不安刺激，多数情况下权威者仍然得以继续命令他。实验显示了成年人对于权力者有多么大的服从意愿，去做出几乎任何尺度的行为，而我们必须尽快对这种现象进行研究和解释。”

马里兰巴尔的摩郡大学（University of Maryland Baltimore County）的Thomas Blass博士（也是米尔格伦的传记——《电醒全世界的人》的作者）在重复进行了多次实验后得出了整合分析（Meta-analysis）的结果，他发现无论实验的时间和地点如何，每次实验都有约61%至66%比率的参与者愿意施加致命的伏特数。

对于实验结束时的情况所知不多，依据著名心理学家菲利普·津巴多（Philip Zimbardo）的回想，当时那些没有达到最高伏特数的参与者都没有坚持到这项实验本身结束，也没有至隔壁房间探视“学生”，离开时也没有征询实验人员的同意。

有一位医生要一个病人将药水滴入疼痛发炎的右耳，但他没有在处方上将“右耳”写完整，而是缩写成了“滴入Rear”。拿到这个处方以后，值班护士马上就把规定剂量滴到耳朵里的药水滴入了病人的肛门。

显然，在肛门处治疗耳朵痛当然是无稽之谈，但不管是病人还是护士都没有对此提出任何异议。这个故事给我们的重要启示是，在很多情况下，当一个公认的权威开口之后，本来很有意义的一切便突然变得无关紧要。这时候，我们不会考虑整个事情的情形，而只关注其中的某一方面并对它做出反应。

权威令人难以招架，因而“权威的光环”能够提高说服力。

所以，以权威或名人来推荐商品的广告颇多。如有的广告经常使用“XXX专家推荐”等标题。

如果一个人对自己的判断力没有信心，就往往会倾向于对权威的依赖。而这些宣传正是利用了此种心理学所称的“威信效果”、“威望效果”。例如，让人听不同歌手唱的同一首歌曲，看看实验结果如何。

其中一位是毫无名气的歌唱界小辈，从来没有一首自己的代表性歌曲；另一位则是某当红歌星，其多首歌曲深受大众喜爱。唱完后请听众评论。结果发现，大家压倒性地认为还是那位著名歌星唱得好。

把作品附上著名评论家的序言，一般人都会因此认为这一作品具有很高的价值。

请名人做的广告、“以宫廷秘方制的化妆品”、“创业百年的老店”等都是利用了威望效果的宣传。

一个保护我们不受权威地位影响的方法，就是做好充分的思想准备。因为我们对权威以及象征对我们行为的深远影响通常都估计不足，所以，当它突然出现在某个顺从环境中时，我们往往有一种措手不及的感觉。因此，一种自我防御的最基本的方法就是对权威保持高度的警觉。有了这种警觉，同时也意识到权威是多么容易假冒，当再遇到有人想利用权威来影响我们的时候，我们自然就会采取一种比较谨慎的态度。

第五章

做出最重要的选择

- 诱饵效应
- 认知失调
- 赌徒谬误
- 过度自信
- 沉没成本
- 自我实现预言

第一节　诱饵效应

我们每天都要做选择，选择穿什么？吃什么？玩什么？爱什么？每当我们进行选择的时候都可以获得满足感、控制感，我们总是认为这些选择都是我们内心深处的想法，都是我们自愿的，其实不然，有时我们被“诱饵效应”给忽悠了。

澳大利亚的一个小镇，有A、B两间经营衬衫的服装店，A店经营欧洲风格衬衫，B店经营北美风格衬衫，价格不相上下，营业额也不分上下。后来，同样经营欧洲风格衬衫的C店开张了，但是价格却比A店贵。C店的营业额较少，但是A店的营业额却有所增长。人们普遍认为C店迟早都会垮掉的，令人惊讶的是，A店、C店都一直存在了好久，后来人们才发现，这两家店的老板是同一个人。

很多零售商已经深谙此道。比如在一家贩卖8美金、27美金和33美金不同规格酒的商店内，人们通常会购买价格适中的27美金的酒。商店若是在33美金酒的边上放一瓶价格非常昂贵的酒，那瓶33美金的酒就会立即热销起来。在和高价酒的比较中，33美金的酒变得价格适中，人们非常乐意购买。然而当我们把这瓶酒带回家，就不再存在这样的比较了——我们并不见得就做出了理智的购买选择。

“维多利亚的秘密”每年都会打造一款天价的钻石胸罩，除了能强化消费者心中其顶级品牌的形象，博人眼球之外，因其列在产品目录的开头，因而与其相比，“维多利亚的秘密”中的其他内衣就显得很便宜。当男士们给女士们送礼物时，看到那天价的内衣，感觉很有压力，但看到其后的内衣，就会感觉舒了一口气。买回来之后，发现所买内衣并不便宜。当初觉得便宜，只是因为与钻石内衣相比较。

威廉斯–索诺马公司首次推出家用烤面包机（售价275美元）时，多数消费者不感兴趣。家用烤面包机到底是个什么玩意儿？它是好还是坏？我们真的需要在家里烤面包吗？有钱为什么不买旁边摆着的那台样式新颖的咖啡机？为糟糕的销售业绩所苦恼，面包机厂家请来了一家营销调研公司。他们提出了一个补救办法：再推出一个新型号的面包机，不仅个头比现在的要大，价格也要比现有的型号高出一半左右。

这一下销量开始上升了（外带大量面包），尽管卖出的并不是大号面包机，为什么？就是因为消费者现在有了两个型号可以选择。既然一台比另一台的明显要大，也贵了很多，人们无须在真空中做决定了，他们会说：“嗯，我也许不大懂面包机，但我确实懂得，真要买的话，我宁愿少花点钱买那个小的。”从那以后面包机就热销了起来。

这样的技巧还存在于各种各样的商品销售中，餐厅的菜单上总会有至少一个贵得离谱的高价菜——即使从来没有人点，或者你点了店家也会说恰好卖完了。这道高价菜的存在或许并不是要吸引顾客选择它，而是诱导你点第二贵的菜。因为当你看到有贵得如此离谱的菜之后，一定觉得第二贵或是更便宜的其他菜是如此的“物美价廉”。

这便是商家的鬼把戏。每一个消费者似乎都是商家设计好的棋子，我们的想法和动机都已经被摸透，永远不出意外地按照商家设定的棋局为其送去利润。

在电视机销售中，商家将供展示的电视机进行分组时，故意设计了如下可供对比的选择：

19英寸海尔牌2000元；

26英寸索尼牌3000元；

32英寸三星牌5000元。

你会选哪一台呢？你一定和商家想的一样，虽然你不确定海尔比三星要合算，但最终你再三权衡后会更倾向于选择放在中间的那台索尼。是的，索尼牌电视机一定也正是商家在这一季中最想卖的产品。

这些都称为“诱饵效应”。“诱饵效应”是指人们对两个不相上下的选项进行选择时，因为新选项（诱饵）的加入，会使某个旧选项显得更有吸引力。被“诱饵”帮助的选项通常称为“目标”，而另一选项被称为“竞争者”。显然，以上的情景中，海尔和三星的电视都只是“诱饵”而已，“目标”应该是索尼。“诱饵效应”是最先在消费品的选择中被发现的，现在已经被证明是相当普遍的现象。

北大心理课中提到，“诱饵效应”的产生一般有这些特点，选项中有多个因素（比如价格，性能，可靠性等）要考虑，而各个选项在各项因素中各有优劣，在这些因素的作用下，人们就往往难以决定取舍。最常见的“诱饵效应”是“非对称压倒劣势”的情形。这时“诱饵”选项在各方面都比“目标”选项差（但与“竞争者”相比则各有优劣），即“非对称”，这使得

“目标”选项差更具吸引力。正是这种“诱饵效应”的影响，致使人们在进行选择时显得不知所措，甚至感觉失去了对生活的控制感。

如何消除“诱饵效应”？如何利用“诱饵效应”？如何让我们的选择更能体现自己内心深处的想法？这是值得思考的一个问题。

回到我们的商场中来。就算认清了商家所要的把戏，我们又应该怎样避免“诱饵效应”的影响，少花冤枉钱呢？很简单，不论见到多么便宜的商品，无论见到多少被“诱饵”衬托得极为诱人的“目标商品”，都不要轻易地掏钱，只要坚守一条准则——只买我需要的那件商品。

为了保证这条准则更好地起到效用，建议大家在购买之前问自己三个问题：

少了这件东西，我的生活是不是会受到巨大影响？

是不是可能买到比这里更便宜的商品？

是不是一定要今天就买？

只有这三个问题的答案都为“是”的时候，再把腰包里的钱掏出来也不迟。

在我们日常生活中，我们应提高警惕，留意进行选择时的选项间的差异与影响，避免被“诱饵效应”给忽悠了。

第二节　认知失调

想象一下，如果昨天晚上你刚在网上抨击了一群“麻木”的乘客，今天早上上班或上学的路上就目击了一个不幸的受害者被小偷偷走了钱包，而你却和大多数人一样装作什么都没发生。这个时候你会发现，你的行为和你对自己的看法大相径庭，并且产生自责或者羞愧的感觉——尤其是当你再次面对昨晚的慷慨陈词时，这种现象就被称为认知失调。

我们所做的很多重大决策往往涉及困难的选择，如找工作、买房子等。有的人用列表方式帮助自己明智抉择，即列出各种优势和劣势。在这一过程中，人们痛苦地感知到内心的认知失调。

社会心理学家利昂·费斯廷格在1956年首次于其著作《当预言失灵》中提出了此一理论，其观察"幽浮末日教派"的成员们对这种反直觉信仰的坚持，以及其领导人的预言失败后，改信人数的增加。因为地球灭亡的预言失败，"预期落空"增加了认知间的失调，结果使得大多数没有心理准备的成员们，为了减缓此一心理失调而改去接受新的预言；亦即，外星人已经因为他们而饶恕了这个星球。

认知失调理论称，当人们的行为与信仰或态度不一致时，人就会处于一种消极的，所谓认知不协调的状态，就会试图通过改变态度或行为（或者两者都有）的方式来减少这种不一致性。也就是说，人们强烈需要维持信仰、想法的一致性，为此，他们要改变态度。人们非常渴望内心的平衡。因此，行为改变能更轻易地带来态度的转变，相反则没那么容易。

认知失调理论揭示了为什么人们会对曾让其备受折磨的经历逐渐认同，甚至赞赏。例如，遭受过体罚（如在学校被痛打或鞭打）的人会声称，体罚给他们带来了好处，并非伤害，其他人也应该有类似经历并从中获益。同样的，在加入某个团体或社团时经历过痛苦、屈辱的人之后会珍视或赞同诸如此类的经验。根据认知失调理论，我们极力提升给我们带来痛苦的组织地位，主要是抚平内心那段痛苦的记忆。

费斯廷格还做了一个很简单的实验以证明他的看法。让被试者做1小时枯燥无味的绕线工作，在其离开工作室时，实验者请他告诉在外面等候参加实验的其他"被试者"（其实是实验助手），并说绕线工作很有趣，吸引人；

为此，说谎的被试者得到一笔酬金。然后实验者再请他填写一张问卷，以了解他对绕线工作的真实态度。结果发现，得报酬多的被试者对绕线工作仍持有低的态度评价；得报酬少的被试者却提高了对绕线工作的评价，变得喜欢这个工作了。

费斯廷格的解释是：当被试者对别人说绕线工作很有趣时，心口不一致。他头脑中有了两个认知因素："我本不喜欢绕线工作"和"我对别人说这话有趣"，两者是相互失调的。为了消除心理上的失调感，他便要把自己的行为合理化。费斯廷格认为，得钱多的（20美元）被试者会用这笔不小的酬金为自己的行为辩解，认为自己之所以对别人说绕线有趣是因为有明显的外部好处，这样说是值得的。心口不一致所带来的失调感就削弱了。可是对得钱少的（1美元）被试者来说，用这种理由为自己的行为开脱就较困难。由于失调感所带来的心理压力，他会再审视两个相互矛盾的认知因素。其中第二个是对自己行为的认知，做出的事不易收回；第一个对自己内部态度的认识相对来说要较为容易改变。所以，第二个被试者便不自觉地提高了对绕线工作的态度评价。新的认知因素"我比较喜欢绕线工作"与"我对别人说绕线工作很有趣"就相互协调了。结果，得报酬少的人比得报酬多的人更喜欢绕线工作。这种情况被称为在不充分的合理化条件下因认知失调引起的态度改变。

一次又一次的实验显示，人们在选择后，往往会用高估所选项、低估未选项的方式证实自己抉择的合理性。所谓"买家的怀旧情结"。人们发现，在买下某件商品之后（并非之前），自己会更加频繁、热衷、密切地观看该产品的广告。抉择后，"这山"总是比"那山"高。

有研究称，赌徒们说自己下完赌注后信心会比下注前更高；选民们给中意的候选人投完票后，同样会越看越觉得满意。

一个部落每年都会举办一次祭祀活动，目的就是希望上天能够保佑他们的部落免遭洪水的侵袭，并且他们一直都相信，他们的守护者会在身边保佑他们，只要大家虔心地供奉上天。但事与愿违，每年的多雨季节，部落都会因为洪水而不得不逃离家园，并没有出现所谓的守护者前来解救他们。然而，这丝毫不影响人们对守护者的信任，反而是年复一年地进行祭祀活动，而且是比之前更加相信守护者到来的预言。

按照逻辑推理，如果一个预言没有实现，就应该不再相信这个预言了。可是事实并非如此。就拿一个例子来说吧，西方的宗教大多是把耶稣奉为上帝，在中国的传统文化中，则把菩萨奉为普度众生的神明，并信奉着“善有善报，恶有恶报”的理念。可是，不管人类是如何虔诚地供奉着这些上帝、神明，最终并没有像传说中的得到神明庇护、菩萨保佑。也许你以为，最后的结局是大家不再相信那些鬼神之说，不再期待预言的发生，可是结果却出人意料，至今仍然存在一些群体毫不动摇地坚信着几千年前的传说、预言。

那些信徒们明明知道自己期待的事情不可能发生，为什么还要如此坚持下去呢?

之前那些部落族人和那些相信着神明预言的人就是为了让自己在现实和理想之间找到平衡、协调，才给自己创造一个理由并继续相信传说，来达到心理上的满足，否则就会产生失调感。认知和心理的失调状态会让人感到不安和烦躁。

认知失调也可以解释罗密欧与朱丽叶效应。莎翁的名著《罗密欧与朱丽叶》的故事几乎人尽皆知：罗密欧与朱丽叶相爱，但由于双方世仇，他们的爱情遭到了极力阻碍。但压迫并没有使他们分手，反而使他们爱得更深，直到殉情。心理学把这种爱情中的人儿“越是艰险越向前”的现象称为“罗密欧与朱丽叶效应”。即当出现干扰恋爱双方爱情关系的外在力量时，恋爱双方的情感反而会加强，恋爱关系也因此更加牢固。这是有关爱情的一种“怪”现象。

认知失调理论很好地解释了这个颇具罗曼蒂克色彩的效应。当人们被迫做出某种选择时，人们对这种选择会产生高度的心理抗拒，而这种心态会促使人们做出相反的选择，并实际上增加对自己所选择对象的喜欢。事实上，人们在选择恋爱对象时，由于人们对父母反对等恋爱阻力的心理抗拒作用，因此反而会使双方的感情更牢固。当这种恋爱阻力不存在时，双方却有可能分开。经历过重重阻力和生死考验的爱情，不一定能抵得住平凡生活的冲击。当爱情的阻力消失时，也许曾经苦恋的两个人反而失去了相爱的力量。

认知失调是一个使人不安的体验，所以我们会试图通过改变行为来摆脱它。当行为改变有困难时，比如戒烟很难我们会以改变态度来替代。认知失调的吸烟者会觉得关心身体健康变得不那么重要了，从而规避了戒烟问题。

另一个摆脱认知失调的方式是评估行为。这更可能发生在两件好东西二选一的时候。如果你只有够买一张画的钱，但你真的两张都喜欢，你就面临挑其中一张来买的选择。你会感到认知失调，因为不论你选哪一张，你不买的那张画的优良品质与你不买的事实不一致。选择一张画之后，你会感到手里的这张要比没买的那张在所有方面都好，或者认为那张也并非你先前所认为的那样好。这样，通过评估我们所做的选择，能够帮助减少认知失调。

第三种方法是改变对行为结果的认识，引进新的认知元素。比如，给吸烟找借口——吸烟还能提神，吸烟不一定会导致癌症。

那些坚持己见的族人们也是如此，在维护和谐状态的过程中他们不能改变自己的行为，所以只能改变自己的态度——更加坚信预言，这样才能让行为和思想达成一致。

第三节　赌徒谬误

某位医生认为超生游击队员李四生男孩的机会很大，因为她之前连生了7个女孩，这同轮盘赌中的赌徒因为前7次都出的黑码而改押红码用的是一个逻辑。可问题是轮盘没有记忆，每次旋转都与前一次毫不相干，无论黑色出现了多少次，红色出现的可能性也不会改变。同样，这一胎生男生女与上一胎生的孩子的性别毫无关系。对这种逻辑的错误认知称为赌徒谬误，也叫蒙特卡洛谬误，也许它正是赌城之所以能盈利至今的关键。赌徒谬误对于心理学家很重要，它提供了一个分析人们是如何做出复杂判断的窗口。而事实上，在她生孩子之前，只有两种可能的结果：女孩或男孩。

再比如，关于好运气和坏运气的转换，人们常有这样的推理：遇到持续的坏运气后，便会想当然地认为自己该走运了，因为风水轮流转，一个人不可能总是倒霉。然而，事实上，这是一种不合逻辑的推理方式，认为一系列事件的结果都在某种程度上隐含了相关的关系，即如果事件A的结果影响到事件B，那么就说B是“依赖”于A的，这便是心理学中的“赌徒谬误”。例如，如果一个赌徒一晚上手气都很差，便会认为再过几次之后自己就会成为赢家；股市大盘连续上涨4天后，人们便会做出下跌的预测；经历连续几天的好天气后，人们就会担心随后会下大雨。这些都是“赌徒谬误”。

赌徒谬误可由重复抛硬币的例子展示。抛一个公平硬币，正面朝上的机会是0.5（二分之一），连续两次抛出正面的机会是$0.5 \times 0.5=0.25$（四分之一）。连续三次抛出正面的机会率等于$0.5 \times 0.5 \times 0.5=0.125$（八分之一），如此类推。

现在假设，我们已经连续四次抛出正面。犯赌徒谬误的人说：“如果下一次再抛出正面，就是连续五次。连抛五次正面的机会率是（1 / 2）5 = 1 / 32。所以，下一次抛出正面的机会只有1/32。”

以上论证步骤犯了谬误。假如硬币公平，定义上抛出反面的几率永远等于0.5，不会增加或减少，抛出正面的机会率同样永远等于0.5。连续抛出五次正面的机会率等于1/32（0.03125），但这是指未抛出第一次之前。抛出四次正面之后，由于结果已知，不在计算之内。无论硬币抛出过多少次和结果如何，下一次抛出正面和反面的机会率仍然相等。实际上，计算出1/32几率是基于第一次抛出正反面机会均等的假设。因为之前抛出了多次正面，便认为今次抛出反面的机会较大，属于谬误。这种逻辑只在硬币第一次抛出之前有效。

抛硬币就是一个独立事件。什么叫做独立事件，事件A的结果并不影响事件B，那A和B就是独立事件。国足输球跟万里之外太阳黑子活跃很明显就属独立事件，虽然他们可能会声称太阳黑子改变地球重力场导致他们发挥失常。

事实上很多人都没有意识到独立事件间相互关联的概率是无根据的，即使它们发生的时间如此接近。

比如说买彩票，很多人喜欢研究走势，他们认为上次开出的数字这次很可能不出现，事实似乎也证明了他们的想法，于是他们更加相信每次开奖间存在某种规律，只要抓住这个规律就能发大财。可惜的是，每一期彩票也属独立事件。

相信大家都听说过德国神奇章鱼保罗，它准确预测2010年世界杯半决赛西班牙击败德国，缔造了世界杯战果预测六连中的纪录。而据香港《星岛日报》报道，一名不信邪的赌徒在保罗连中5次之后，坚定地认为它最后一次肯定中不了，从而押注德国，结果输掉世界杯最大额赌注，使50万欧元血本无归。

“章鱼哥”的故事固然可能是一个有趣的巧合，但是这种赌徒的心态却值得引起我们的重视。试问，一个股票连续三个跌停板之后，很多股民都认为其一定会反弹值得搏一把，你是否也是这么想的呢？

在证券投资市场上，行为金融学也有关于“赌徒谬误”的心理分析，简单说，就是人们总愿意相信在一系列随机事件发生之后，再度发生同样事件的机会将会大大降低，可惜投资市场的“黑天鹅”总喜欢不期而至。人性的弱点往往是容易明白却难以克服。不得不承认，虽然很多时候投资者也会意识到这种心态其实是非理性的，但被市场行情冲昏头脑的时候往往会陷入这样的谬误无法自拔。证券市场上，不难看到，投资者在股价连续上涨或是多次投资获利后会变得小心翼翼，倾向于立即抛售持有的股票以锁定盈利；而在股价连续下跌或是投资多次亏损时又变得偏好风险，极不愿抛售持有的亏损股票而坐等上涨。一厢情愿地用一定时期内股价的变动来预测下一阶段股价的趋势，投资者受“赌徒谬误”的流毒可谓深矣。

第四节　过度自信

环顾整个投资市场，你会发现过于自信的投资者不计其数。也许你会认为自己并不在此列，在争辩之前，请先做这样一道测试题。

在以下四个选项中，选择你认为最符合自己的一项：

A. 我的智力非常高超，远胜过多数人；

B. 我的智力并不算特别出色，只是中等偏上水平；

C. 我的智力比较弱，只能算是中等偏下水平；

D. 我的智力非常差劲，远弱于多数人。

对于这个题目，绝大多数人都会选择选项B。既然绝大多数人都是中等偏上的智力水平，那么什么样的才是平均水平呢？

斯文森（Swenson）在对多个国家的调查研究里发现，如果要评价自己的驾驶水平，90%的人都说自己的驾驶技术要在平均水平以上，很少有人说自己比平均水平要差。但是事实上，根据平均水平的定义，有50%的人的驾驶技术高于平均水平，就一定有50%的人的驾驶技术低于平均水平。心理学称之为虚幻的优越感（illusionary superiority），人们对自己熟悉的领域或者关注的投资领域往往过度自信（overconfidence）。过度自信导致人们只看到对自己有利的信息，他们就非常乐观地相信自己的判断，甚至越来越觉得自己的判断是对的。

人们在回答中等到极度困难的问题时，倾向于过度自信。在回答容易问题时，倾向于不自信；当我们从事的是可预测性较强，有快速、清晰反馈的重复性的任务时，倾向于仔细推算。如专业桥牌运动员、赌马者和气象学者在决策时都倾向于仔细推算。

北大心理课上提到，人们在判断过去的知识的过程中存在着智力自负的现象，这种心理现象会影响人们评价目前知识和预测未来内容的行为，这就是过度自信倾向。简单来说，即使我们知道自己在投资方面曾经犯过错，但是仍然对未来的预期保持相当的乐观。这是因为人们通常会在某种正确时刻回忆起自己曾经作出的错误判断，从而认为这些错误判断只是偶然间发生的事件，与他们的能力缺陷没有任何关系。若想真正地摆脱自己的过度自信倾向是件非常不容易的事情。

人们往往倾向于在他们完全正确的时刻回忆自己的错误判断，从而认为这只是偶然发生的事件，与他们的能力缺陷无关。尽管这时人们知道自己过去出过错，但往往认为自己对未来的成功预期与错误经验完全无关。

盖洛普及潘恩·韦伯曾经对2001年的个人投资者做过一项调查，调查结果显示，这些投资者在投资中普遍存在过于自信的心理。对于投资而言，过于自信并不是什么好现象，因为这种心理将导致投资者做出包括过度交易、冒险交易在内的错误交易决策，并最终导致投资亏损。投资者和券商都被赋予了一种信念，即认为自己掌握着更好的信息，自己比别人更聪明，所以自己能获胜。曾有经济学家专门研究过券商的账户数据，发现更高的交易量并不能带来更高的回报。事实上买卖频繁的人平均回报率更低，因为他们支出了大笔的佣金。

过于自信的心理除了导致频繁交易外，还会导致投资者买进错误的股票。他们总是卖出表现好的股票，却买进表现不好的股票。

同时，过于自信的心理还会影响投资者的冒险行为，导致他们低估风险，从而承担更大的风险，如倾向于购买一些来自新公司和小公司的高风险股票、选择比较单一的投资组合等。

投资者趋向于认为别人的投资决策都是非理性的，而自己的决定是理性的，是在根据优势的信息基础上进行操作的，但事实并非如此。

过度自信的人在作决策时，会过度估计突出能引人注意的信息，尤其会过度估计与其已经存在的信念一致的信息，并倾向于搜集那些支持其信念的信息，而忽略那些不支持其信念的信息。当某些观点得到活灵活现的信息、重要的案例和明显的场景支持的时候，人们会更自信，并对这些信息反应过度。而当某些观点得到相关性强的、简洁的、统计性的和基本概率信息支持的时候，人们通常会低估这些信息，并对这些信息反应不足。

人类倾向于从无序中看出规律，尤其是从一大堆随机的经济数据中，推出所谓的规律。

诺贝尔经济学奖获得者，心理学家丹尼尔·卡尔曼认为：过度自信来源于投资者对概率事件的错误估计。人们总是对于小概率事件发生的可能性产生过高的估计，认为其总是可能发生的，这也是各种博彩行为的心理依据；而对于中等偏高程度的概率性事件，人们则易产生过低的估计；但对于90%以上的概率性事件，则认为肯定会发生，这是过度自信产生的一个主要原因。

此外，参加投资活动会让投资者产生一种控制错觉，控制错觉也是产生过度自信的一个重要原因。投资者和证券分析师们在他们有一定知识的领域中过于自信。然而，提高自信水平与成功投资并无相关性。

本节结束之前，再来举个例子。澳大利亚在1957年对悉尼歌剧院的规划是于1963年完工，预算是700万美元。但是，悉尼歌剧院的建设一直拖到1973年才完成，最终花费高达1.02亿美元。

心理学家布勒、格里芬和罗斯（Buehler，Griffin&Ross）曾经做过一个很有趣的实验：他们让心理系的学生尽可能准确地估计完成一篇论文需要多长时间，包括：①平均时间；②如果一切进展顺利的话完成论文需要的时间；③如果遇到了一切可能发生的困难，完成论文需要的时间。这些学生估计，一般情况下，完成一篇论文平均需要34天；如果一切顺利，完成论文需要28天；如果进展不畅，完成论文需要49天。那结果究竟如何呢？这些学生完成他们的论文竟然平均花了56天——似乎所有人都遇上了最困难的情形。与他们的估计相比，学生们看起来都过于自信了。

这就是过度自信的一个典型表现，行为经济学家称之为“规划的误区”（Planning Fallacy）。

第五节　沉没成本

“沉没成本”是指由于过去的决策已经发生，而不能由现在或将来的任何决策改变的成本。人们在决定是否去做一件事情时，不仅是看这件事对自己有没有好处，也要看过去是不是已经在这件事情上有过投入。这些已经发生的、不可收回的支出，如时间、金钱、精力等统称为“沉没成本”。

一位妇女从巴黎回来，向丈夫诉苦道：“在巴黎，每天我要付500法郎的房租，太贵了。”

丈夫点头表示同意，说：“500法郎的确太贵了。不过你在巴黎待了15天，一定看到很多好东西吧？讲一些给我听听。”

“好东西？”妻子叫了起来，“我什么也没看到。我可不能每天花费500法郎房租，却让房间整天空着！”

有一个老人特别喜欢收集各种古董，一旦碰到心爱的古董，无论花多少钱都要想方设法把它买下来。有一天，他在古董市场上发现了一件向往已久的古代瓷瓶，就花了很高的价钱把它买了下来。

他把这个宝贝绑在自行车后座上，兴高采烈地骑车回家，谁知由于瓷瓶绑得不牢固，在途中从自行车后座上滑落下来，“咣当”一声摔得粉碎。

老人听到清脆的响声后居然连头也没回继续骑车。这时，路边的一个热心人对他大声喊道：“老人家你的瓷瓶摔碎了！”老人仍然是头也没回地说：“摔碎了吗？听声音一定是摔得粉碎，无可挽回了！”不一会儿，老人家的背影消失在了茫茫人海中。

如果这种事放到一般人身上，他一定会从自行车上跳下来，对着已经化为碎片的瓷瓶捶胸顿足、扼腕痛惜，甚至可能会好长时间精神都难以平复。

举例来说，如果你购买了一张电影票，这张票既不能退回也无法转让，此时你为电影票支付的钱已经注定不能收回，你为电影票支付的金钱便是一种“沉没成本”。

斯蒂格利茨教授是2001年诺贝尔经济学奖得主。他在《经济学》一书中说：“如果一项开支已经付出并且不管做出何种选择都不能收回，一个理性的人就会忽略它。”例如，前面提到的看电影的例子中，会有两种可能的结果：

①入场后发觉电影不好看，但是在煎熬中看完整场电影；

②入场后发觉电影不好看，中途退场去做其他的事情。

在这两种情况下，你都无法收回购买电影票的钱，所以考虑“沉没成本”是于事无补的。如果你为买票这一行为而感到后悔，那么你当前的决定应该是基于你是否想继续看这部电影，而不是你为这部电影付了多少钱。此时的决定不应该考虑到买票的事，而应该以看免费电影的心态来做判断。所以，理性的选择应该是中途退场，否则你不仅花了冤枉钱，还浪费了时间。

然而，在面对“沉没成本”时，很多人都会做出非理性的选择，这是因为他们对“浪费”资源感到担忧害怕，这种心理被称为“损失厌恶”。所以他们会强迫自己看完一场十分乏味的电影，当采取这种行为后，便发生了“沉没成本误区”。

某人付出58元获得一份套餐券，而面对丰盛的自助餐，他决心“把本钱吃回来”，结果海吃海喝，吃得“撑破肚皮”，导致胃出血，本来打算吃完饭去公园游玩，结果却进了医院。

其实，许多人都有这种想法，并受到这种“心理作用”的影响，不仅花了冤枉钱，还要受冤枉罪，何苦呢？从表面上看，人们总想把本钱“赚”回来，觉得这是一种“精明”的行为，实际上却是“精明反被精明误”。因此，我们应该懂得“沉没成本”的原理，放弃侥幸和贪便宜的心理，使自己不做“傻事”。

许多研究表明，正常人往往不是完全理性的。我们所说的“既然买了票，就去看电影吧”，“既然买了衣服，就凑合穿上吧”，“既然好不容易追到，就忍受着吧”。实际上都是想通过这种“把事情进行下去”的方式来挽回“沉没成本”。

一家医药公司的总裁，正在进行一个新的止痛药的开发项目。据知，另外一家医药公司已经开发出了类似的一种新的止痛药。通过那家公司止痛药在市场上的销售情况可以预计，如果继续进行这个项目，公司有将近90%的可能性损失800万元，有将近10%的可能性盈利5000万元。从现阶段到产品真正研制成功能够投放市场还需耗资600万元。到目前为止，项目刚刚启动，还没花费什么钱。你会把这个项目坚持下去还是现在放弃？

还是这家公司，到现在为止，这个项目已启动了很久，你已经投入了500万元，只要再投100万元，产品就可以研制成功正式上市了。你会把这个项目坚持下去还是现在放弃？

除了你已经投入500万元之外，第二个问题与前一个问题是完全一样的。

企业老总们绝大多数对第二题的回答是“坚持继续投资”。他们认为已经投了500万元，再怎么样也要继续试试看，说不定运气好可以收回这个成本。殊不知，为了这已经沉没的500万元，他们将有90%的可能非但收不回原有投资，还会再赔上300万元。

一个完全理性的决策者在做成本收益分析的时候是不应该把“沉没成本”算在内的，因为过去的不能挽回，既然不能挽回，就不能对现在产生影响，就应该让它过去，在决策时应将其忽略。

第六节　自我实现预言

自我实现预言，也叫自证预言（self-fulfilling prophecy），是指我们对待他人的方式会影响到他们的行为，并最终影响他们对自己的评价。在这种情况下，人们对其他人怎么样产生一个预期，这会影响他们如何对待他人，而这种对待方式又会导致那个人的行为与人们最初的预期相一致，使得这一预期成为现实。

我们常说的皮格马利翁效应就是自我实现预言的一个典型例子。

这一理论经过近40年的实践，在西方的心理学领域已经得到全面的论证（虽然也有少数的反对之声）。这一理论最著名的实验出自1968年哈佛大学心理学家罗森塔尔。

在美国麦卡锡时代，曾有这样一个残忍的实验，一个即将被处死的犯人，被一个心理学家从牢笼里提出来。心理学家告诉他，即将蒙上他的双眼并割开他的动脉，让他血流过多而死去；话音刚落，犯人的眼睛就被蒙上，然后把他的手腕移到水龙头处缓缓开水，制造出一种流血的假象。实验者随即离开，现场没有一丝光线和声响，只有水流到犯人的手臂以后滴到地板上的声音，犯人一开始挣扎不已，随后便似乎确信了自己已经毫无希望而必死无疑，便不再挣扎。过了一会儿，心理学家回来，发现该犯人已经没有了鼻息，犯人在极度恐惧之中已经自己完成了死亡。

这个实验启示了心理学家：人类的情感和性格能够超越生理层面，而直接决定一个人的生理运作状况，所以由某种心理状态所形成的情感元素，很大程度上支配着人们的行为。

自我实现预言理论是朝着两个方向去的，能够形成一个良性循环的圈，也能够形成一个恶性循环的圈，而且往往正是朝着你“预感”的方向前进的。那么换句话说，你应尽可能地预感好的结局，因为预期会影响到你注意的焦点。就像那个被人们举例举到烂的例子，同样一批人看到杯子里的半杯水，乐观的人会说我还有半杯水呢，悲观的人却说我只有半杯水了，然后他们采取的行动是不一样的。

如果你期待好的结果，在预期的那幕结果真实发生之前，人们用心理控制或影响着行为，你能发现的都是对结果有帮助的有利条件，尽管人们不能够掌控别人，或者去改变外在环境，但是却可以掌控自己。所谓自我预言的实现，其实是通过不断的自我暗示后，自己已经在做一些朝这个方向发展的努力了，这个预期的结局也影响着自己的判断力。

第六章

别让环境毁了你

第一节　当心都市“拥挤综合征”

科学家对处于拥挤环境中的动物进行尸体解剖发现，过度拥挤对它们造成了明显的生理损害。对处于拥挤情境中的人类所做的观察与调查结果，也证明了相同的情况。对空间的需要在人类中表现得和动物一样强烈。

拥挤是对导致负性情感的密度的一个主观心理反应。当人口密度达到某种程度，个人空间的需要遭到相当长时间的阻碍时，就出现了拥挤感。

北大心理课中提到，拥挤与密度既有联系，又有区别。拥挤是主观体验，密度则是指一定空间内的客观人数。密度大并非总是不愉快的，而拥挤却总是令人不快的。社会心理学家对拥挤提出各种解释。感觉超负荷理论认为，人们处于过多刺激下会体验到感觉超负荷。人的感觉负荷量有个别差异。密度——强化理论认为，高密度可强化社会行为，不管行为是积极的还是消极的，如观众观看幽默电影，在高密度下比在低密度下鼓掌的人数多。失控理论认为，高密度使人感到对其行为失去控制，从而引起拥挤感。处于同样密度条件下的人，如果使他感到他能对环境加以控制，则他的拥挤感会下降。一般说来，拥挤不一定造成消极结果，这与一系列其他条件有关。

个体之间如果距离太近，感到拥挤，在心理上会产生不舒适的感觉。因为，拥挤破坏了一个主体对领域和空间的需要，而扰乱了正常的行为。由于每个人都需要自己的空间和自由活动的领域，在这个领域中，我们可以不受别人的干扰，不受别人的监督，不用提防别人，可以自由自在，做自己想做的事。这样的状态当然很放松，而周围的人如果过多，则使我们无法实现这些要求。

在人的高密度区，人们为了保持心灵上的这种空间和自由，只能用冷漠来排斥他人，使他人和自己保持一定的距离。心理学家发现，生活在大城市的人比小城镇的人更粗野，更缺乏体谅和教养。而且，城市居民还比较孤僻和沉默寡言，人与人之间交往的次数与种类，要比郊区少得多。他们不愿意向陌生人微笑或说话，在危难时，不太愿意帮助别人。在发生命案时，路人或邻居甚至不会向警察报案。

我们自己也很容易体会到这一点。每天上下班坐公共汽车，当公共汽车上特别拥挤时，人很容易精神紧张。在拥挤的人群中，要保持身体的平衡，要提防扒手，还要小心被人踩到脚，可能还要忍受一些难闻的气味……这些都让我们很难放松。

由于人有个人空间、领地和私密性需要，出行中的拥挤会给人带来很大的应激反应。所以在拥挤的车上人们常会避免视线的接触，以阅读、闭目养神缓解这种应激。

总之，交通拥挤使个体不能采取有效的措施保护自己周围空间不被入侵，所以它会导致人们的很多负面情感和行为，如攻击性、暴力和身心健康问题。

另外，人口的密度与人类的异常行为也有关联。犯罪学家的研究证明，犯罪与人口密度往往成正比：城市中心的犯罪率始终比郊外高。同样，在人口高密度的地区，经常发生故意破坏文化艺术的行为和青少年犯罪。

有一次，旧金山大堵车，堵的时间很长，突然有个人跳下车来，拿出手枪一路打过去，打死了12个无辜的司机。事后警方发现，这个人从前没有任何暴力行为的记录，他只是工作压力过大，而拥挤的道路不仅使他无法压制内心的烦躁，反而加剧了这种烦躁，最终酿成惨剧。

心理疾病与人口密度也有着密切的关系，在城市中，心理疾病的发生率最高，当转向人口密度较稀薄的郊外，心理疾病发生率逐渐下降。

欲消除拥挤导致的后果主要在降低个体焦虑和唤起水平。有三种调节方法：肌肉放松、认知重建和想象。

认知重建是通过引导被试者注意情境中的积极方面，从而提高他们的积极情绪；想象是让被试者按主试的指令想象一幅舒适的、田园式的画面，以转移注意力。还可以通过一些行政手段对拥挤进行干预；控制出生率也是减少拥挤的一个方法。一个熟悉的、有条不紊的环境比混乱、陌生的环境让人更感到舒适；在同样密度的情境中，与陌生人相处比与熟识的人相处更容易使人感到抵触。

第二节　别让噪音害了你

为何堵车鸣笛时，越听越烦？为何办公室让人感觉严肃，而家庭让人感觉温馨？环境心理学家给出了答案。噪音是许多学科研究的课题。心理学主要研究噪音与心理和行为的关系问题。从心理学观点看，噪音是使人感到不愉快的声音。对噪音的体验往往因人而异。有些声音被某些人体验为音乐，却被另外一些人体验为噪音。

许多年前美国有个报道，一名男子因为不堪忍受住家附近建筑工地的汽锤噪声，竟跑上前去，把脑袋伸到汽锤底下，结果脑袋被砸成肉酱。

这个悲剧的主人，很可能有些抑郁症，至少是心理承受能力太差。但从另一方面来看，也正说明噪音对人的心理有明显的负面影响。

事实上，许多文艺家，特别是一些作家之所以喜欢到远离城市的地方，到一个偏僻的山村去写作，就是为了躲避城里密集的噪音。

在科学上，噪音是指波形量非周期性变化或超过85～95分贝的不规则声音。但在现实中，这个标准并不是绝对的。

欢快的锣鼓声、口号声、大喊大叫、鞭炮声，尽管超过85分贝，甚至有的也无规律，但不会引起参与者与欣赏者的心理烦躁。这是因为参与者和欣赏者当时有一种心理宣泄的需要而喜欢或能够接受这种声音。

反过来，即使低于85分贝的声音，如果不成规律，比如鸡鸣狗叫，对某些人来说，也形成了噪音。有人爱养蝈蝈，其阵发性的叫声对某些人来说是噪音，对另一些人却像催眠曲。

噪音是公认的不良应激源。我们走到哪里都逃不掉噪音的污染，噪音不仅会对我们的听力产生危害，还能给我们的情绪与行为带来不利的影响。有科学家研究噪音对工人情绪的影响，发现噪音带给工人的是绝望的情绪还有那种无能为力的厌恶感。有的甚至会使人产生焦虑情绪，很多患有不同程度身心疾病的人都是长期受噪音影响的人。

同时，噪音对不同的人有不同的危害，这与个人的身体素质密切相关。同处于噪音之下身体状况不好的人受到的危害更大，他们很可能出现血压升高、消化不良、心情不安、厌烦、烦躁、疲倦、工作效率低、失眠等，最终导致神经衰弱；身体状况好的人，在同样的噪音污染下就不一定会发生上述情况。

噪音的危害远不止损伤听力那么简单，严重的可能诱发神经衰弱、焦虑症等精神障碍性疾病。因此，我们要对噪音的危害有一个正确的认识，如果周围噪音污染严重，一定要及时采取有效措施予以解决。

研究表明，与强噪音有关的生理唤起会干扰工作，但是人们也能很快适应不致引起身体损害的噪音。一旦适应了，噪音就不再干扰工作。噪音是否可控，是噪音影响的一个因素，如果人们认为噪音是他们所能控制的，那么噪音对其工作的破坏性影响就较小；反之，就较大。

人们习惯于噪音工作条件，并不意味着噪音对他们不起作用了。适应噪音的儿童可能丧失其某些辨别声音的能力，从而导致阅读能力受损。所以，有意识地减少生活中的噪音，使我们的身心都能得到健康。

现在的城市越来越拥挤，城市居民的居住间隔已经越来越小，如果再碰上三两个喜欢制造喧闹的邻居，那么本就缺乏睡眠的城里人难保不会抓狂。现在，终于有人发明了一种新武器用以对付制造噪音的邻居，一位新西兰人录制了一盘长达64分钟的割草机噪音盘，专门用以对付吵得人深夜无法入睡的邻居。

惠灵顿这位制作噪音光盘者是一位名叫马斯兰德（Marsland）的小餐馆老板，他说："如果你的邻居在周六晚上开party（聚会）而且闹得很晚，你要做的就是早上7点钟起床，播放这盘长达一小时的光盘，然后出去找一个小餐馆吃饭。"

这盘以阿斯特罗草皮为封面的CD记录了普通割草机操作时的声音，中间还夹杂了偶尔倾倒收集器和用石块敲击割草机刀片的声音。马斯兰德说，这一噪声光盘销路很好，现在已经有5000盘在市场上出售，其中4000多盘被当地零售商抢购一空。

这已是他推出的第二集“唱片”了，以前他还卖出了大约4200张城市噪音CD盘，内容包括汽车的鸣笛声和摩托车的马达声。那套光盘名为“城市攻击”（Urban Assault），其中还包括三分钟的婴儿哭声。

居住在城市里的人，常常渴望从交通的喧闹、工地和飞机的噪声中解脱出来。噪声污染是城里人最大的环境压力源之一，可以采用下列三种方法加以应对：

1. 控制噪声的源头。例如，加大环境保护立法和执法的力度，强制卡车、汽车、摩托车等安装消声器，开辟新的安静航线，使办公设备保持安静。即便如此，在当今城市里还是不能很有效地消除噪声。

2. 把住所和工作场所的噪声降至最小。如增加墙壁的厚度，用厚地毯、吸音屋顶、吸音墙、窗帘、植物等减轻噪声的侵害。

3. 根据个人的爱好，掩饰噪声，即用愉悦的声音来减轻厌烦的噪声。如在办公室中用音乐来减少背景噪声，在家中用录音机播放音乐来抵消街道上的噪声。用随身听播放音乐来摆脱噪声。到森林中漫步，在海边躺卧，听吹拂过树梢的风声、鸟叫声、海浪冲刷海岸声。虽然都是噪声，但这些噪声听起来像令人放松的音乐。那完全是由心态而定的。

第三节　高温，让你更暴力

炎热天气下，人们往往更容易脾气暴躁。因此，每到夏天，尤其是炎热的夏天，犯罪率总会居高不下。那么，大规模的冲突、乃至一个国家的内战，是否也可以归诸于高温的影响？美国加利福尼亚州一群科研人员最新发表了一份报告，指出两者之间的确存在一定的联系。许多心理学家都曾发表报告，指出尽管没有明确的因果关系，但在夏天，相比白昼长度等因素，炎热天气才是导致人们暴躁的主要原因。从更大范围来说，环境因素与人类冲突之间的关系也非常密切。

几十年以来，考古学家和历史学家已经发现了大量的证据，表明极端的天气情况会导致农作物欠收，进而引发动荡甚至暴动，以致一个王国或者朝代的垮台。他们指出，无论是古巴比伦、古代中国还是现代的非洲，极端天气都在发挥着影响。

《气候对人类冲突产生影响的确定》的作者对收集到的60例来自世界各地、历经数百年的研究项目进行了数据分析，结果显示天气变化与暴力行为之间存在的因果关系很大。比如，印度在最近的干旱期间国内暴力行为有所增长；在美国的高温天气中，殴打、强奸和凶杀事件也见增多；欧洲和非洲的暴力行为包括种族冲突也与气温升高有关联。上述论文作者在他们的研究中发现，气候能够产生的影响是显著的：气温每升高一个标准偏差（或更多降水量），即会导致人际冲突的发生频率上升4%，群体冲突发生率则可上升14%。全球气温预测在2050年会升高2～4摄氏度，届时人类的暴力行为状况可想而知。

美国国家科学研究院2009年的会议记录中记载，气候已被确认为是与近年发生的数起暴力事件有关的因素。其中的一起暴力事件发生在苏丹的达尔富尔，据联合国数据记载，那次事件导致20万人丧生，迫使200万人流离失所。有研究学者对1981～2002年间撒哈拉大沙漠以南的非洲地区国家的气温数据进行了分析，在因暴力导致死亡的人数至少达到1000人的国家中，寻找该地区高温天气与民众冲突之间是否存在某种关联。此项研究课题负责人美国加州大学波克先生认为，在未来的20年里，如果气温如同电脑所示的预测模式继续升高，暴力冲突将会增长50%。“在把‘经济增长’和‘良好管理方法’等数据放在一起进行分析时，使我们震惊的是，气温因素对暴力行为所产生的影响效果显示强烈”。

暴力杀人案多发生在6~9月份。因为炎热的夏天人容易发怒，情绪容易失控，冬天杀人案会少很多。夏日的高温可引起暴力行为增加，但是当温度达到一定点时，再升高则不导致暴力行为而导致嗜睡。温度也与人际吸引有关，在高温室内的被试者比在常温室内的被试者易于对他人作出不友好的评价。

一般来说，低温环境有利于形成较佳的心理状态，而高温或温度回升时，人的精神状态则容易产生波动和异常。适度的温度和光照可以触发人的警觉水平，高温强光则使人烦躁易怒。而人生活的环境以20摄氏度为理想气温。

高温天气是否会影响人类暴力行为，在理论上和实证上都需要更多的科学性研究和更长的时间来对其可靠性与可信性进行考证。高温天气是一种不以人的意志为转移的自然现象，虽然人类可以通过低碳生活来试图延缓全球气温升高的速度，而对于它可能会引发人类暴力行为的问题，只能以其他间接的手段与方式与之进行对抗。比如在高温天气持久的国家或区域研究发展抗高温粮食的种植，以避免因粮荒而引发的人类暴力事件等。

第四节　谁在与你的大脑争氧气

美国著名心理学家杜·舒尔茨曾说过：“我们全部的工作和生活都存在于多种不同的环境之中，所有这些环境都会影响我们的感觉与行为。有时这种影响是明显的、直接的；有时则是微妙的、间接的……在本世纪（20世纪），人类已经破坏和污染了许多自己赖以生存的环境，大量土地、水源、空气遭到了破坏，被破坏的环境导致的对人类行为的消极影响，成为环境心理学家们的研究对象。”

无论是哪个国家和地区都不可避免地要面临一种严重的挑战——环境污染问题。使人们处于一种不安全、不健康的生活环境中，产生了严重的生存“危机”感。所以，环境问题不仅影响人类的生存和发展，而且还影响着人的心理和行为。

现实的环境是人类追求便利和享受的结果。自二次世界大战以来，人类加速了对自然环境的开发和利用。据报道，人类已经在地球近50%的非永久冻土地上对生态环境进行改造和利月，将植物光合作用产生的能量的40%化为己用，极大地丰富了人类生产和生活的需要；同时，由于无节制的人口增长以及人类长期以来的砍伐、开矿等，将大量的废气、废水、废渣、振动、噪声、放射性物质等污染物排放到环境中，严重污染了生态环境。

媒体和公众都在关注空气污染对人们呼吸系统和心血管系统造成的生理性损伤，殊不知，空气污染也会对人们的心理造成很大的影响。

在城市中，小到居民用于取暖、做饭所用燃烧物排放的废气，大到汽车尾气、工厂排放的烟气，都在跟大脑争夺氧气，使它的机能退化。大脑是全身耗氧量最大的器官，只有充足的氧气，才能保证大脑正常工作。一旦大脑缺氧，人立刻会变得思维迟钝、反应变慢、工作效率下降，很容易犯困。

影响之一：降低老年人认知能力，引发或加剧老年痴呆症。

美国学者对全美境内19000名年龄在70~81岁的老年女性进行调查，根据她们居住地点的空气污染情况进行分类，那些在污染环境生活的女性暴露在污染空气的时间为7~14年。结果发现，长时间居住在空气污染严重地区的那些老年女性认知能力下降显著地高于污染水平较低地区。

影响之二：影响儿童智力发育、导致注意力问题。

除了对老年人有影响，研究发现空气污染同样也对儿童的认知能力有影响，有研究跟踪了200名从出生到10岁的儿童，发现汽车尾气会降低儿童在记忆力、语言和非语言智力测试上的得分。最近的一项研究甚至发现在怀孕期间，母亲暴露在高水平的多环芳烃污染之中，出生后的孩子会表现出更多的注意力问题、焦虑和抑郁症状。多环芳烃是最普遍的空气污染源，来源于石油燃料的燃烧。

影响之三：空气污染可以改变白鼠的大脑结构。

美国一位学者通过模拟城市的空气污染水平对白鼠大脑结构的影响进行研究，他把实验白鼠一周5天、一天8小时放入一个空气高污染的笼子里。其他时间，他会把白鼠撤出这个高污染的笼子。他解释说，这么做的目的是模拟一个居住在低污染水平郊区的白领必须到高污染水平的市中心上班的情况。

10个月以后，他们就发现高污染条件下的白鼠在走迷宫时需要的时间更长而且更容易犯错误。而且他们还发现这些白鼠表现出了抑郁症的症状，比如很快放弃了游泳测试，甚至连通常白鼠最喜欢的糖水它们也不喜欢喝了。通过服用抗抑郁药物，上述行为很快得到了改善。

学者进一步的研究发现，白鼠这些心理与行为的变化是由于污染的空气导致它们大脑发生改变所致。首先空气污染增加了实验白鼠大脑中的细胞活素水平，这种物质的增加导致身体出现炎症。不过，这个发现并不令人惊讶，因为之前许多研究都已经发现污染的空气会引发心血管和呼吸系统的炎症。

真正令人惊讶的是，实验白鼠的海马回神经细胞发生了变化，神经细胞顶端突触的数量减少了，突触的作用是连接不同的神经细胞，而海马回对空间记忆有重要的影响。突触减少会导致树状细胞的复杂性下降，最终导致记忆力下降。

研究人员表示，对这一结果他们感到万分惊讶，因为之前他们并没有想到，空气污染真的会导致大脑的结构改变。

美国密歇根大学心理学家伯曼曾让志愿者背诵一串数字，然后让他们分别在空气清新的郊外和城市中跑步1小时，结束后再背诵另一串数字。结果发现，在郊外跑步的志愿者记住了更多数字，而在城市跑步者的记忆力并未提高。此外，美国加州大学欧文分校的心理学家埃文斯发现，随着环境中的光化学氧化剂（如臭氧、二氧化氮）增多，焦虑的人也增加。

同时为蒙大拿大学和墨西哥国家儿童医学研究所工作的Calderon发现，血脑屏障其实并不像人们一直认为的那般坚不可摧。

她跟踪研究了分别来自墨西哥城和附近空气更干净地区的健康儿童。两年之后，她很吃惊地发现，在记忆和学习的测试中，来自墨西哥城的儿童明显落后。MRIs（核磁共振成像技术）显示大约一半的墨西哥儿童产生了类似Alzheimer（阿尔茨海默氏症）患者的大脑病变。

生活在大城市的人们不再拥有完整的血脑屏障，这些大脑的病变区发生了渗漏。严重的空气污染会导致神经炎症和大脑白质损伤。这并不是说在高空气污染环境下的孩子一定会产生严重的神经退行性疾病。这些孩子发生病变的可能性虽然更高，但是通过心智锻炼可以在彻底失控前补救大脑受到的损伤。

大脑有很强的可塑性。那些父母热衷于为之读书的孩子明显强于那些整日看电视的孩子。可以通过学习等月脑活动，在大脑中生成新的连接，新的突触。如果不好好使用大脑，就无法弥补污染造成的损伤。

第五节　猫能有什么错

对于环境污染人们早已耳熟能详，我们都在尽最大努力去避免所面临的各种污染，如空气污染、噪声污染、光源污染，但生活中有一种污染却尚未引起人们的注意，这就是情绪污染。情绪污染最形象的描述就是“踢猫效应”。

在心理学上，“踢猫效应”是这样说的：某公司董事长为了重整公司一切事务，许诺自己将早到晚回。事出突然，有一次，他看报看得太入迷以至忘了时间，为了不迟到，他在公路上超速驾驶，结果被警察开了罚单，最后还是误了时间。这位老董愤怒之极，回到办公室时，为了转移别人的注意，他将销售经理叫到办公室训斥一番。销售经理挨训之后，气急败坏地走出老董办公室，将秘书叫到自己的办公室并对他挑剔一番。秘书无缘无故被人挑剔，自然是一肚子气，就故意找接线员的茬。接线员无可奈何垂头丧气地回到家，对着自己的儿子大发雷霆。儿子莫名其妙地被父亲痛斥之后，也很恼火，便将自己家里的猫狠狠地踢了一脚。这就是“踢猫效应”。

在生活的每个角落。诸如此类的场景或许每个人都不会陌生，一位女医生购买围巾，让年轻女售货员转身拿了几次货，女售货员不耐烦地说：“你是来买围巾还是来欣赏围巾的？”女医生的购物热情一下子降到冰点，随后带着一肚子怒气上班，摆着一脸的怒容为病人看病，一位病人拿起她刚开的处方对她说：“医生，这种药很难吃，是否能换一种？”

女医生怒气未消，道：“你是治病还是来品尝药味的？”病人哑然。这位病人是银行职员，坐在收银柜台上越想越气，她对顾客的脸色、语气、服务态度可能也就难以令人满意了。现代社会信息交流快捷，人际交往频繁，环境气氛对人的影响力强，情绪会相互感染，尤其是家庭成员之间情绪很容易互相传播。

当然情绪有好有坏，感染的效果会有正有负。良好的情绪会构成一种健康、轻松、愉悦的气氛，坏情绪会造成紧张、烦恼甚至敌意的气氛。情绪污染是指在坏的情绪影响下，造成心情不畅的氛围。现代医学告诉我们，大多数人的疾病往往会从不良的情绪、失衡的心理中产生。为此，人们应该像重视环境污染一样，重视情绪污染。

每个人在工作和生活中难免出现负面情绪或者遭受情绪污染，那么，如何能有效地避免“踢猫效应”呢？

其一，让负面情绪得到合理宣泄。美国专家威费雷认为，眼泪能把机体在应激反应过程中产生的某些毒素排泄出去。从这个角度来说，遇到该哭的事情硬忍住不哭就意味着慢性中毒。所以，眼泪是很好的解毒剂。另外，寻找一些既能排解坏情绪又不影响他人的方式，例如跑步、听音乐、写日记、向亲友倾诉等等。放松自己，让不佳情绪随时间流逝。

其二，自我暗示，提高抵挡负面情绪的免疫力。不断提醒自己“不要愤怒”、“不要伤心”等，这样可以起到自我暗示的作用。另外，尽量回避产生负面情绪的环境，倘若不幸被负面情绪感染，则可尽快离开当时的环境，避免进一步受刺激，让可恶的不良情绪在理智和克制的面前止步。

其三，遇到各种负面情绪要增强心理承受力，切忌把不良情绪转移给他人。日常生活中，应多锻炼、多运动、多接触心态乐观的人。更重要的是，要学会对消极事物作出积极的反应，保持积极的心态。

一位家庭主妇在她的房门上挂了这么一块木牌：“进门前，请脱去烦恼；回家时，带快乐回来。”在她的家中，男主人一团和气，孩子大方有礼，一种温馨和谐满满地充盈整个空间。有人询问女主人家庭和睦的秘诀，结果女主人只是直指那块木牌，解释说：“有一次我在电梯镜子里看到自己，天哪，这是一张充满疲惫的脸，一副紧锁的眉头，忧愁的眼睛……这个发现把我自己吓了一大跳。于是，我开始想，孩子、丈夫看到这副愁眉苦脸时，会有什么感觉？假如我对面也是这副面孔，又会有什么反应？接着我想到孩子在餐桌上的沉默、丈夫的冷淡，这些事情其实并不是丈夫和孩子不关心我，而是其背后隐藏的真正原因竟是我！当晚我便和丈夫长谈，第二天就写了一块木牌钉在门上提醒自己。结果，意外的事情发生了，被提醒的不只是我自己，而是整个一家人都受到这个木牌的提醒。”于是，原本死气沉沉的家庭焕发出了新的生机。

把这种豁达和体恤用于生活、工作的各个方面，“踢猫”这条恶劣的传递链就能被截断了。而能够做到自己不踢猫，也可以将这种情绪影响到他人，这样反过来能使自己的脾气和心情得到很好的改善与平衡。

第七章

认识自己，才能控制自己

- 认识自己有多难
- 挑选一面镜子
- 通过内省认识自己
- “弗老”教你认识自己
- 积极认识自我的途径
- 心理图像让你心想事成
- 打破巴纳姆效应
- 自我认识的偏差

第一节 认识自己有多难

“知人者智，自知者明。”认识自己的意义在于，充分了解自我，既不妄自菲薄，也不妄自尊大。在缺点与优势并存的自我中，活出生活的精彩。如何认识自己也是心理学上一个从开始一直到现在，相信也一直会进行到未来的永久课题，是一个充满了思辨和叩问的永恒话题。

上北大第一堂心理学课的时候，老师就问我们：“Who am I？”我没写几个就写不下去了，认识自己真的很困难。人好多时候都不愿意接受那个平凡的自己，出于自我安慰，最后迷失了自己。或许好多人是过了好多年才接受了自己其实也就是个普通人的事实吧，所以才会要么郁郁寡欢要么倨傲张狂，活得荒腔走板而不自知。每个人，都应该具备常常用另一只眼审视一下自己的能力，看清自己的有限和局限，才会对他人的有限和局限有真正的理解和体谅……

我们到底有多了解自己？当我们试图弄清“我是谁”和“我想成为谁”之间的距离时，这就成为我们许多人时常纠结的问题。

“我是谁”是真实的我。“我想成为谁”，是理想的自我。不要用“理想的我”，来贬损“真实的我”。真实的我，也许不是十全十美，但却自有强大的魅力在其中。中国有句古话叫做“人贵有自知之明”。无论多么残酷的现实，因为真实的品格，就让它具有脚踏大地的资格。虚幻的我，无论多么奇幻美好，都是站不住脚的。

让我们来看一封信：

“亲爱的母亲，我抱歉来到了这个世界，不能带给你骄傲，只能带给你烦恼。但是，我却无力改善我自己，我真不知道怎么办才好！但是，母亲，我从混沌无知中来，在我未曾要求生命之前，我就这样糊里糊涂地存在了，今天这个不够好的‘我’，是由先天后天的许多的因素，加上童年的点点滴滴堆积而成。我无法将这个‘我’拆散，重新拼凑，变成一个完美的‘我’。因而，我充满挫败感，充满对你的歉意，所以，让这‘不够好的我’，从此消失吧！”

这是一个16岁少女写的绝笔。她后来的名字叫琼瑶。

琼瑶选择自杀是因为，有一次，琼瑶的数学只考了20分，老师发了“严加督导”的通知单给琼瑶，要家长在通知单上盖章，这件事本来就使琼瑶惶恐不安，不知回家后，如何向母亲开口。

可琼瑶放学回家，看见小妹在哭泣，父母一左一右地在她身边哄着她，安慰着她。琼瑶大吃一惊，以为发生了什么事。其实什么事也没有发生，只因要强的小妹，没有考100分，考了98分。

这下琼瑶更加自卑，更加惶恐！她不知自己数学只有20分的成绩单，如何去要母亲签章。到了深夜，琼瑶还是将需要家长“严加督导”的通知单拿出来给了母亲。母亲看着琼瑶的20分，想起了小女儿考98分还要哭泣，这样的差别，使得她不能不拿小女儿和琼瑶相比。

“你要我们做父母的，拿你怎么办？为什么你一点都不像你妹妹？”听了母亲的话，琼瑶冲出了房门，冲到了街头，她希望自己就这样死掉算了。写完信后，琼瑶找到了母亲的一瓶安眠药，把整瓶药都吃了下去。

7天后，琼瑶苏醒了过来。又见到了母亲，琼瑶失声痛哭，母亲也是百感交集。伤口被治疗和包裹，但那痛苦的深刻性，却潜伏到更为尖锐的深度。琼瑶的母亲，并没有因琼瑶的这一次任性和胡闹，过多责备琼瑶，她也在追悔和内疚。

琼瑶的小名叫凤凰。母亲哽咽地对琼瑶说道：

“凤凰，我们以前曾经一起死过又重生，现在，我们再一次，一起重生吧！”

这个悲凉的例子，也许能说明，如果没有办法把“真实的我”、“理想的我”和“别人眼中的我”，高度统一起来，悲剧的幕布就从此拉开了。

心理学就是一门认识自己的科学。正确认识自己是心理健康的重要条件。许多人因为不能正确地认识自己，或自我评价过高，或自我评价过低，而影响其情绪和人际关系。

然而，人的心灵是世界上最复杂、最难以理解的。可能你会问：既然如此，为何还要思考这些问题？因为这一切都与我们的幸福密切相关，人生的意义就在于不断地认识未知的自己。

漫画家蔡志忠说过：“做人最重要的就是要了解自己。有人适合做总统，有人适合扫地。如果适合扫地的人以做总统为人生目标，那只会一生痛苦不堪，受尽挫折。”这就是在阐述认识自己的重要性。只有正确认识自己，才能够发现自己的特点，做出正确的职业定位、设计出合理的职业发展路线。

正确认识自我是一个人迈向成功职业生涯的第一步。一个人如果无法充分认识自己，所有的努力都可能只是符合他人的期待和要求，而与自己的内心状态不符。只有通过自我探索了解自己的内在需求，个人的潜能才会得以充分发挥。

早在2000年前，古希腊人就把“认识自己”作为铭文刻在德尔斐神庙上。然而时至今日，人们不能不遗憾地说，“认识自己”的目标还远远没有实现。

人的一生要根据自己的实际状况来确定自己的自我意识，从而给自己的人生做最恰当的定位。很多成就显著的人的成功，首先得益于他们有着正确的自我意识。

美国女影星霍利·亨特曾经竭力避免自己被定位为短小精悍的女人，结果走了一段弯路。后来在经纪人的指导下，她重新根据自己身材娇小、个性鲜明、演技极富弹性的特点给自己做了重新的定位，出演了《钢琴课》等影片，一举夺得戛纳电影节的“金棕榈”大奖和奥斯卡大奖。

文学巨匠歌德也曾经因为没有给自己一个正确的定位，错以为自己是一个当画家的料子，结果白白浪费自己10多年的光阴。这些都是自己没有给自己一个正确定位的结果，也就是没有一个正确的自我意识。

能够正确认识自己并不是件容易的事情。为了达到比较客观地认识自己的目的，应尽可能地把自我评价与别人对自己的评价相比较，在实际生活中反复衡量。在这种衡量中如果能够正确地认识自己，也就可以建立一种正确的自我形象。

不知你是否有过这样的经历，明明是你很喜欢的工作，但是你却无论如何都无法将其做得很出色。你喜欢画画，但是却成不了画师，你想当歌星，但是却五音不全，你不管这些，因为很多人说只要对某事有兴趣，就一定能成功。但是，事实上这种观点有失偏颇，兴趣是做成事的一个因素，但做成事的关键因素却并不在此，而是在于适合与不适合。

爱因斯坦曾收到以色列当局的一封信，信中恳请他去就任以色列总统。爱因斯坦是犹太人，如果他能当上犹太国家的总统，这在大多数人看来，的确是件大好事。然而，出乎所有人的意料，爱因斯坦竟然拒绝了。他说：“我的一生都是在同客观物质打交道，既缺乏天生的才智，也缺乏经验来处理行政事务以及公正地对待别人。因此，本人不适合如此高官重任。”

《道德经》中有这样一句话：“知人者智，自知者明。”意思是说真正聪明智慧的人，应该既能正确认识别人，也能正确认识自己。爱因斯坦能不能正确认识别人我们不可得知，但是我们却可以明确他能够正确认识自己。在人人觊觎的国家总统地位面前，他丝毫不为所动，原因就是他明确知道自己适合做什么事情。

在认识未知自己的路途中，有的人迷失了，慢慢地走向了曾经连想都没想到过的阴暗，最后给自己和别人带来了麻烦和灾难。正如希特勒，他年少时曾是一个国家的英雄，是一个军事天才，可是有谁想到就是这么一个近乎完美的人，以后将用自己的双手把世界推向战争的深渊，让世界数十亿无辜人民卷入了战争的漩涡，让世界无数家庭妻离子散。正是因为在认识未知自己的路途上迷失了自己，当发现自己阴暗的一面，富含征服感时，他选择了放纵自己，从而让自己走向了堕落，走向了灭亡。可是，与此相反，有的人在认识未知的自己的路途中，慢慢地发现了自己的不足，但他们选择的不是放纵而是正确面对。正如丘吉尔一样，年少时酗酒吸毒，可以说是十足的“败类”，可就是这样一个仿佛被世人唾弃的人亲手挽救了英国，并和其他国家携手打败了法西斯。选择不同，走的路也不同。完全地理解自己是没有可能的，而人生也正是一个不断认识自己的过程。

自知是一个人自我意识发展的基础。美国心理学家约翰·哈里提出了关于人自我认知的窗口理论。他认为人对自己的认识是一个不断探索的过程。因为每个人的自我都有四部分：公开的自我、盲目的自我、秘密的自我和未知的自我。通过与他人分享秘密的自我，通过他人的反馈减少盲目的自我，人对自己的了解就会更多、更客观。

一般而言，认识自我的主要渠道有以下三方面：

一是比较法，也就是从我与他人的关系来认识自我。他人是反映自我的镜子，与他人交往，是个人获得自我认识的重要途径。我们先从家庭中的感情扩展到外面的友爱关系，进入社会又体验到人与人之间的利害关系。有自知之明的人能从这些关系中用心向别人学习，获得足够的经验，然后按照自己的需要去规划自己的前途。但是通过和人比较认识自己应该注意比较的参照系。

二是经验法，就是从我与事的关系中来认识自我，即从做事的经验中了解自己。一般人通过自己所取得的成果、成就及社会效应来分析自己，却又常受成败经验的限制。其实任何一种活动都是一种学习，不经一事，不长一智。

三是反省法，即从我与己的关系中认识自我。古人要求“吾日三省吾身”。孔子说：“人苦于不自知。”我们的眼睛演化的目的是朝外看，“明察秋毫而不见舆薪”，看得见别人脸上的小雀斑，但是看不见自己脸上的青春痘。而内省则有如明镜，它不仅是了解自己做了什么，最重要的是透过它了解自己真正的意图。所以说，人只有透过自我内省才能真正地认识自己。

为了帮助我们进一步了解自己，有以下两条建议：

1. 在审视我们自己的行为时做到尽量客观，并尝试用他人的视角来看待自己。

2. 了解自己的途径是，关注心理学科的发现和研究成果。我们大多数人都很关心医学上的发现，如吸烟有害健康等。我们也可以用同样的方式来关注自己的内心。

心理能力需要长久的修炼，所有的人生经历，都会有助于我们建立和谐统一、稳定淳厚的自我形象系统。那些负面的体验，就像砍下的蔷薇丛，如果你抓到的是刺，手会鲜血淋淋；如果你把花枝放入水中，在适当的护养之后，就会闻到花的芳香。

第二节　挑选一面镜子

马克思曾经说过："人降生的时候是没有带镜子来的，他总是将别人当成镜子，然后来照自己的形象。"

北大心理课中提到，人的自我分为镜我、主我、客我。其中，主我就像我们的身体，它是客我和镜我的载体。说得形象一点，客我就像是我们的衣服，当我们穿上它，我们自然就进入它的角色体系，比如穿西服就得有穿西服的派头，穿便装就得有穿便装的休闲。镜我就像是我们为了打扮得更加得体一点，而在镜子面前反复的、多角度的审视的那个镜子中间的影子。而且，更多的时候，这个镜子不是我们自己家里的那一面。它会遍布社会生活的每一个角落。它会在我们不经意间，随时对我们的形象、气质做出它自己的评价。

如果，我们这样来理解主我、客我、镜我的关系。那么，我们对一般心理困惑的解释就比较容易了。

人总是习惯以他人作为镜子来认识自己，也就是说喜欢根据他人对自己的评价来认识自己的长短优劣。如果他人的评价较低，那么就会降低对自己的认识，出现自己低估自己的现象。当发现自己越比较越不如他人时，会更加泄气，从而产生强烈的自卑感。

首先，我们说，主我、客我、镜我这三者之中，最重要的是主我。这就像我们的身材、体形、容貌决定了我们当下最适合的服饰、颜色甚至佩饰这个道理一样。我们对自己的身材、体形、容貌的了解程度，也就直接影响到我们在现实社会中自我展示的效果。是的，我们每个人都希望得到最好的评价，因为那种感觉让我们有点飘，晕晕的，挺好。但是，要真正的认识自己的容貌、身材、形体，我们又少不了需要一面镜子。

我们的生活经验告诉我们，哈哈镜是不大可信的。虽然，有时候它也让我们很快乐，但是它不真实。不太能满足我们客观地了解自己的需要。于是，在心理咨询行业，有一个说法：心理咨询师就应该做来访者的一面平面镜。这里之所以强调平面镜，就是因为它可以相对真实地反映来访者当下的容貌、身材和体形。也能相对客观的让来访者看到自己当下的着装情况。大概这就是我们在感觉到迷惘时候，寻找身边的亲戚、朋友甚至咨询师倾诉的真正意义了。是啊，这个时候，我们经常听到这样的说法“你说是不是”“我的是那个样子么”“他们怎么能这么说我”。其实，我们把刚才的那句话拿过来，就是说我们在不经意的时候，看到了另一面镜子中的自己。并且，那个自己让我们感到不大舒服了。

其实，我们在现实生活中看到的因为选错了镜子，穿错了衣服，最后在生活的镜子面前自惭形秽的情况，比比皆是。心理问题也跟这面镜子的选择有很大的关系。甚至有的朋友，从来就没有自己光着身子照照镜子的习惯。当然，这种情况也不要紧。只要我们选择了一面平面镜。我们总是在出门之前，在镜子面前照一照，通常我们也可以做到得体。主我是个体对自身现状的评价。客我是个体在对自身现状理解的基础上，选择甚至期望的社会形象。镜我则是个体对社会第三人对自身综合评价的理解。换句话说，这三个我，都是个体对自身评价的一种主观的理解。

心理学中非常重视镜子的作用。这个镜子分为两类，一类是自己家里的镜子；另一类是社会环境中的镜子。个体只有充分地接受自己现在的身材、容貌、体形，并且对自身情况有相对客观的认识，才可能选择一个符合自身情况的客我设定，也才可能真正的预知社会对我们的综合评价。才可能在社会环境中的镜子面前，保持一种心态的平和。因为，这个镜我是个体在家里的镜子面前充分认识自己和评价自己之后，穿上客我这套服装反复调整、反复接纳的镜我。换句话说，这个时候的社会评价，是个体自己早已熟悉、早已接纳的镜我。

这就是说，心理问题产生的根本原因，就在于来访者从一开始起，就没有真正意义地接纳自己的现状，从一开始起就为自己选择了一套并不适合自己的衣服，从一开始起就不愿意面对自己家里的平面镜，不接受自己在镜子里的形象。甚至于，看到镜子里自己的第一时刻就要求打碎这面镜子。并试图找到一面可以让自己在镜子中间的形象满意的哈哈镜。我觉得这才是，心理问题产生的根本原因。

有这么一个故事：

爱因斯坦小时候是个十分贪玩的孩子，他的母亲常常为此忧心忡忡。母亲的再三告诫对他来说如同耳边风。直到16岁那年的秋天，一天上午，父亲将正要去河边钓鱼的爱因斯坦拦住，并给他讲了一个故事，正是这个故事改变了爱因斯坦的一生。

父亲说："昨天我和咱们的邻居杰克大叔去清扫南边的一个大烟囱，那烟囱只有踩着里面的钢筋踏梯才能上去。你杰克大叔在前面，我在后面。我们抓着扶手一阶一阶地终于爬上去了，下来时，你杰克大叔依旧走在前面，我还是跟在后面。后来，钻出烟囱，我们发现了一件奇怪的事情：你杰克大叔的后背、脸上全被烟囱里的烟灰蹭黑了，而我身上竟连一点烟灰也没有。"

爱因斯坦的父亲继续微笑着说：“我看见你杰克大叔的模样，心想我一定和他一样，脸脏得像个小丑，于是我就到附近的小河里去洗了又洗。而你杰克大叔呢，他看我钻出烟囱时干干净净的，就以为他也和我一样干干净净的，只草草地洗了洗手就上街了。结果，街上的人都笑破了肚子，还以为你杰克大叔是个疯子呢。”

爱因斯坦听罢，忍不住和父亲一起大笑起来。父亲笑完后，郑重地对他说：“其实别人谁也不能做你的镜子，只有自己才是自己的镜子。拿别人做镜子，白痴或许会把自己照成天才的。”

就这个意义上说，镜我的意义就在于让我们在现实生活中正视自己、发现自己，进而拓展自己和完善自己。我觉得这就是心理咨询的真正意义。

心理学研究发现，我们个人的价值评判具有较高的社会一致性与社会依赖性，一个人只有得到了社会的承认与接纳之后，才能形成稳定的自尊感，才有可能获得自信与安全感。

也就是说，人类对其本身的认识是有盲点的，人们对自己的认识和评价需要依赖“镜子”，人们衡量、判断自身的“长短”时需要“尺子”，这就是为什么榜样能够发挥无限作用的原因。

著名行为心理学家斯金纳认为，在一般情况下，人的行为往往是由外界环境所决定的。如果人为地将外界环境进行强化，便可以塑造人的行为，而榜样行为就可视为一种强化因素。

显然，在日常生活和工作中，别人就是我们自己的“镜子”和“尺子”，越是与我们有相似之处的人交往，我们就越是注意与之比较，因为有比较才有鉴别。那些跟我们有许多相似之处的人，如果在某方面的表现上比我们强得多，我们就会有一种“见贤思齐”的动机，也就会产生积极的动力。

第三节　通过内省认识自己

通过内省法来认识自己实为我国古代早有的传统。除了我们平日里所说的“吾日三省吾身”之外，内省则早已为庄子所推崇。“庄子在《人间世》篇中教给我们一种认识自己的能力，总结成两个字，叫做‘心斋’，就是用心的斋戒去真正反恭内省，看看你自己。他写的这段话是告诉我们每个人一种认识自己的方式。其实我们每个人的眼睛都有向外发现和向内观看的两种能力。向外可以发现一个无比辽阔的世界，向内可以发现一个无比深邃的内心。……可惜，我们这一生一直用于外在的发现，而从来看不见自己的心到底有什么愿望。”（《于丹〈庄子〉心得》第36页）

被誉为情商之父的哈佛大学心理学教授丹尼尔·戈尔曼在《情绪智力》中指出：

有些人天生对情感的特殊表现形式如象征、比喻、诗歌、寓言等比较敏感，这些都是以感性的语气写成的。以自由联想为主要叙述模式的梦想与神话，遵循的也是情感世界的逻辑。天生善于聆听内在声音的人，自然能更流利地表达情感的语言，小说家、作曲家、心理医生都属于这一类人。这种天赋使他们更适于为无意识的智慧发声，解开所有梦与幻想的意义以及内心深处渴望的象征。

因此，自我意识是领悟力的基础，也是心理治疗所欲探询的重点。嘉纳认为内省智力的最佳典范便是精神分析的鼻祖——弗洛伊德认为绝大多数的情绪活动是无意识的，不是所有感觉都会到达意识层面。这种观点已经获得实验证实，比如说人们可能没有察觉到曾经见过某事物，却可以有明确的好恶感。事实上，任何一种情绪都可以是无意识的，甚至常常如此。

每个人都有巨大的潜能，每个人都有自己独特的个性和长处，每个人都可以通过自省发挥自己的优点，通过不懈的努力去争取成功。

美国超市连锁经营的创立者桑德斯，曾经是一个街角杂货店的普通雇员。他在一家自助餐馆中就餐的时候，突然开始了这样的思考：我真的只能做一个普通的店员吗？就在就餐快要结束的时候，他突发奇想——自助餐馆的形式同样可以用于杂货店！尽管许多业内人士认为这样不可行，甚至对他冷嘲热讽，加以嘲笑，可是桑德斯认为这绝对是一种极佳的经营方式。后来在这种内省后的理智动力下，他坚定地执行自己的目标，最终这种自助式超市概念使他成为现代超市之父。

拥有自省就等于拥有一个砍伐树木的锐利斧头，就看你如何利用这把斧子为自己砍出一条路。

不断的内省可以使头脑更敏捷，就如同身体要经常进行有规律的运动才能更强健的道理一样，头脑也需要经常地锻炼，在这种自我反省的锻炼中开发自己潜在的能量。

同样在内省时你若是发现自己不断背弃事实，或者试图扭曲事实时，就要问问自己：“为什么我不愿接受这种情况？”“我够理智吗？还是被暂时的表象所蒙蔽？”“我要怎样才能改变这种现状？”这才是最重要的。

第四节 “弗老”教你认识自己

“人啊，认识你自己。”这是雅典德尔斐神庙门楣上的箴言。一个人无论做出多么不符合逻辑，甚至是荒诞可笑的行为，背后都不是没有原因的。如果能明白自己这些行为背后潜在的驱动力是什么，那么就能更深入地认识和把握自己。过去，我们习惯向药物、手术刀要健康，但是现在或将来，我们更要学会认清自己行为的潜在动机，呵护自己的心灵健康。

北大心理课上讲到，一个人有了精神上的痛苦和困惑之后，他可以选择了解自己，也可以选择不去了解自己，他可以麻痹自己，也可以通过工作把它冲淡。有的人选择了解自己，而了解自己有很多种方式，你可以用哲学的方式、文学的方式、甚至于宗教的方式去了解、认识自己。一个人决定去做精神分析，其实是代表了一个人的选择，他愿意了解自己，愿意用这种方式来了解自己。

其实，并不是每个人都适合接受精神分析，精神分析也不可能解决人的所有痛苦，就像佛教有八万四千法门，是对应了人的八万四千种烦恼，精神分析也只是人们走出困惑的方法之一。

精神分析心理学发明了一种探索自己的方法，这便是自由联想法，它是由精神分析创始人弗洛伊德在治疗病人的过程中逐渐摸索形成的。

自由联想法产生于古老的催眠术。古代东方是催眠术的发源地。印度婆罗门教的“打坐”、佛教的“坐禅”和古埃及神庙的祭司们祛病法门，是最早的带有类似催眠特征的行为。古埃及与希腊神庙中的祭司们也为信徒使用类似催眠的方法治病。公元前400年到公元前100年之间，罗马及希腊的人们到神庙中接受催眠以治疗各种疾病。欧洲是真正使催眠术走上现代科学道路的发祥地。18世纪，催眠术开始被有意识地使用。在医学上则最早应用于精神医学。

催眠术

在古希腊，病人在“患者睡眠殿堂”里由施术者综合使用音乐、药物、重复言语等多种方法，使患者进入睡眠；在古埃及，“殿堂睡眠”是由焚香和吟诵而诱导发生。当患者处于睡眠状态时，施术者即暗示症状将会消失，患者将获痊愈。

200多年前，毕业于维也纳大学的奥地利医生麦斯默（Mesmer）公开使用“麦斯默术”治病，被医学界称为催眠术的鼻祖。

1775年的某天，麦斯默看到一位街头魔术师用磁石在表演一项魔术。魔术师宣称，可以让磁石依照他的指示，把一位观众给吸过来并且触碰到那位观众。魔术师成功了。医生也产生灵感，推出了“动物磁气说”理论，宣称：宇宙之中充满一种磁气，一切生物都依赖磁气的养育，人的病症也可利用磁气的力量得以消除，康复如初。

麦斯默的理论没有得到维也纳的承认，于是他来到巴黎，把理论付诸实践。他找来一个大金属桶，桶内放入药品和金属，病人握住从桶内伸出的金属“磁棒”，或使之触及患病部位。麦斯默在病人中间穿梭，触及病人的患病部位，同时暗示他们：一种强大的磁气正通过你的身体，所到之处疾病很快会痊愈。病人很快进入了忘记自我的临界状态，有人还出现了痉挛和昏睡现象，不久奇迹发生，病人真的痊愈了。整个巴黎城为之轰动，上流社会的妇女交口称赞“麦斯默术”，甚至连法国皇后也热衷于其中。

“麦斯默术”引起了巨大的争议，法兰西科学院组织了专家组对其进行考察，结论宣布“麦斯默术”是江湖骗术，毫无科学根据。路易十六将之赶出了法国。“麦斯默术”开始成为异端邪说。

提起麦斯默对19世纪的医生而言是一种耻辱，但麦斯默治疗病人过程中引发的催眠状态引起了英国医生布莱德（Braid）的注意。布莱德观摩了一位医生利用麦斯默的方法为病人治疗，这让他发现了真正起治疗作用的催眠现象，他发现患者做眼睛检查，盯着亮光看时就进入了麦斯默状态。

布莱德认为催眠现象是一种特殊的类睡眠状态而非磁的原因，是视神经疲劳后引起的，没有任何神秘的地方，只不过是被催眠者的眼睛凝视时间长，或者思想、观念上的凝注诱发的状态，关键就在暗示。

为此，他根据希腊文hypnos（催眠）创造了英语单词hypnotism（催眠术）。布莱德还发明了一种发光的小器械，病人集中精力凝视此发光物，医生就可以顺利进行暗示诱导，这就是今天催眠术界广为使用的催眠球。

布莱德关于催眠的文献被翻译成165种语言及方言。他被认为是现代催眠术的创始人，是尝试对催眠现象进行科学解释的第一人。之后，许多人沿用布莱德的思路研究如何改进催眠技巧，进而又出现一些不同的催眠方式。

到了19世纪70年代，也就是催眠术在法国被取缔100年之后，巴黎出现了一位非常有名的神经精神科医生沙柯（Charcot），他被誉为现代神经病学的创始人。他在12位癔症患者身上做催眠试验，结论催眠只适用于神经过敏和精神不平衡的人。

然而正常人也能被催眠的实例轻易就推翻了他的结论。南希大学教授伯恩罕姆（Bernheim）认为，催眠是暗示的结果，催眠依赖于暗示，而暗示是普遍的心理现象，所以催眠不是病症。

争论引出了精神分析学大师弗洛伊德。他是沙柯教授在巴黎最好的学生之一。1885年秋，弗洛伊德赴巴黎，成为沙柯的学生，看到沙柯利用催眠术直接通过说话制造或打消疾病的表演。弗洛伊德也开始用催眠术治疗病人，“第一次尝到给他人带来希望的乐趣”。1889年夏天他又抱着完善催眠技术的愿望前往法国南锡，在那里“亲眼目睹了年迈的利埃博为下层贫苦妇女儿童治病的动人情景，观看了伯恩海姆对院里的病人做的惊人试验”。回到维也纳后，弗洛伊德结合他的同事布洛伊尔治疗一位21岁年轻女子癔症障碍的方法进行催眠治疗。布洛伊尔找到了一种新的治疗方法：他使病人进入深度催眠状态，每次都要她讲出压在心头的忧患。当病人自由地表达她的情绪和压抑的心理活动后，其癔症症状便消除而不再复发。这种方法，布洛伊尔称为催眠下的“宣泄法”。

随着经验和时间的增加，“弗老”（弗洛伊德）隐约地把握到了“移情”的作用，发现即使治疗效果再好，一旦他和病人的个人关系受到干扰，那些效果便会顷刻化为乌有：医生和病人之间的个人感情关系毕竟要比整个宣泄过程牢固得多。特别是在一次催眠醒来后，他的女病人搂着他的脖子。这使他彻底认识了催眠术的局限，从而决定放弃催眠术。结合自己在伯恩海姆那里了解到的，病人清醒后可以回忆起某些在催眠状态下再现的过去事件，弗洛伊德推断，“病人肯定实际上‘知道’所有那些迄今为止只是在催眠状态中他们才能接近的东西”。他开始尝试着以断言和鼓励，再辅以手的触摸，使病人把那些已经遗忘的事实和联系引入意识之中并说出来。只保留了一个惯例，那就是要病人躺在沙发上，弗洛伊德坐其身后，不让他看见自己。

自由联想

新方法的应用使弗洛伊德看到了治疗中“抵抗”的存在，病人的意识拒绝对痛苦的回忆，将其压抑掉了。这使弗洛伊德对神经症有了新认识。同时，新方法也在治疗应用中不断改进。弗洛伊德最初采用通过坚持和鼓励来克服患者抵抗的那些方法，使他与病人双方都过于紧张，而且还很容易招致某些明显的批评。于是，他改变了那种鼓励患者就某一特殊主题进行叙述的做法，让患者进入一种“自由联想”的状态。

就是说，脑子里出现什么就说什么，不给患者的思路以任何有意识的引导。但是最关键的是，患者应该保证逐字逐句地说出他自我知觉到的一切事情，不能在以某些联想不够重要或者不相干、或者根本没有意义为理由，而企图将其搁置一边的批评性反对意见面前屈服退缩。没有必要明确地反复要求患者坦率地报告自己的思想，因为这是整个分析治疗的前提。

这就是精神分析自此以后采用的基本治疗方法。

自由联想与催眠的疗效区别在于：催眠中病人很快丧失了自主意识，心灵深层内容很快浮现出来，虽然通过暗示向无意识灌注信息或宣泄无意识中的压抑，症状会有所缓解，但由于缺乏自主意识对此的觉知，而无法达成与自主意识的一致。因此时间一长，由于自主意识的惯性作用，原来的治疗效果慢慢丧失，这是催眠疗法的缺陷。弗洛伊德在临床中也遇到了这样的问题。与催眠相比，在自由联想中，由于自主意识加入，无意识内容的显现变得艰难而漫长，然而一旦出现后马上被意识所掌握，不再是一种莫名的驱动力，其带来的症状也就随之消失，不再复发。所以精神分析的疗效稳固，而疗程一般较长，具体则要取决于无意识出现的情况。一般说来，心灵越开放、禁忌越少的人疗程越短。

自由联想法的具体做法是：让病人在一个比较安静与光线适当的房间内，躺在沙发床上随意进行联想。治疗医生则坐在病人身后，倾听他的讲话。事前要让病人打消一切顾虑，想到什么就讲什么，医生对谈话内容保证为他保密。鼓励病人按原始的想法讲出来，不要怕难为情或怕人们感到荒谬奇怪而有意加以修改。因为越是荒唐或不好意思讲出来的东西，即可能最有意义并对治疗方面有很大的价值。

病人男，21岁，未婚，大学生。主要症状表现为“对女性恐怖”，害怕接触女同学，怕看到她们的身体；以后发展到怕看一切中青年妇女，包括女性亲友。因此不敢进入教室、学校，后来不敢上街而只好休学回家闭门不出。他自己也认识到这种恐惧心理荒唐可笑，然而却无法自我控制，为此感到十分焦虑与抑郁，并继发消极自杀念头。医生先给予他阿米替林、氯丙咪嗪等抗抑郁剂均无效，遂决定给他进行精神分析治疗（自由联想法），持续时间约4个月，共进行30余次（每周2次，配合服用阿米替林、多虑平与舒乐安定）。在治疗过程中，鼓励病人尽力回忆他的童年、青少年与过去的经历；也曾出现过几次阻抗与反复现象，然而最后患者获得痊愈，以后未再复发。

在进行自由联想时，这位病人暴露了他在幼年时对女性身体（尤其是下身）曾发生过强烈的好奇与兴趣，曾经偷看过（女）保姆换衣服，还曾在一次游戏时钻到一年长的表姐裙子下面去窥视。特别是还有一次（夏天）在偷看母亲洗澡时，被其父亲发现后受到毒打，就不敢再这样干了。以后，长大成人这段经历也就淡忘。有一天他在大学参加运动会时，突然发现同班级一女同学在表演跳舞时裙子飘起来，所穿的三角裤与过去那位表姐穿的颜色完全一样（紫色的），在引起强烈兴奋后立即产生了严重的罪恶感。害怕再看到这位女同学的裙子与下身，以后就泛化为害怕看到所有女性的下身或其下部衣着，结果形成了他这种特殊形式的恐惧症。

在麻醉药未发明之前，催眠曾经作为麻醉手段让病人减少痛苦。在妇产科和牙科方面的最大作用就是无痛分娩和无痛拔牙。在睡眠状态下，人的感觉被转移，忽视了疼痛的存在。

将催眠使用在临床医学上是1955年由英国医学协会开始的，紧接着，1958年美国医学协会、牙科学会也开始将催眠应用到临床上，并设立了实验催眠学和临床催眠学的资格考试。今天，世界催眠组织已经统一了催眠师应有的准则与操作原则，美国心理学会对催眠师的资格申请也做了非常严格的限制，通过者寥寥无几。

自我探索的自由联想

精神科医生通常会使用自由联想法对病人进行诊断，对于普通人来说，如何利用自由联想法来进行自我探索呢？利用什么样的材料来进行自我探索呢？自我探索有两个绝好的材料，一是自己的梦，二是生活中产生的种种感受。

下面首先来说一说梦。弗洛伊德在对梦的研究中发现，通过对报告出来的梦境中的成分元素做自由联想，便能揭示很多潜意识中的念头，这些念头既可以来自梦者前几天的经历，也可以来自梦者过去（幼时）的经历，事实上每个梦往往与梦者幼时的经历有关。这些念头总结起来后往往会浮现出一些共同的潜意识成分，来看下面的一个梦：

梦者与另一个人来到一艘游船上，这艘船较特殊，又像是一艘考察船，这艘船下面有一根长长的管子（像观光电梯一样），人可以潜入水下去。梦者被允许向下潜水，潜到水底之后，梦者看到船舱外有一些人，大都是他高中及大学时的同学，他看到其中有一个是以前经常一起玩的大学同学。对方在向他招手示意。他想走出舱外游泳，感到有些冷，不过很想去试试，于是就出去了。

我们对这个梦的其余元素不做分析，只对梦中的人物（那个大学时的同学）做自由联想便能发现端倪。通过对大学同学的联想，梦者大脑中浮现了以前跟该同学一起去看电影，喝酒K歌，泡妞跳舞的经历，那是一段游戏人生的日子，与朋友在一起玩耍的时光带给他很多的快乐。梦者还回忆起了幼时一起玩的几个小伙伴的身影，以及那些在一起的游戏时光，那时他同样是非常快活的。梦者现在已经成家立业，是一家公司的高级经理，梦者把大多数的精力用在了工作和家庭，生活可谓安逸，但缺少了过去的快活和激情，除了公司里的同事，他身边的朋友越来越少了。通过这个梦的分析，梦者领悟到了他内心一直存在着渴望与朋友们在一起玩乐的愿望，这种愿望自从他成家立业之后一直被他以种种事务为借口而忽略了。

第二个方式就是利用生活中产生感受的情景，特别是那些相对比较强烈的感受，比如嫉妒、愤怒、尴尬、恐惧等等。在人产生的感受中，有些是现实的普遍的感受，比如看到蛇时，一般人都会有些紧张，这些感受并不具有自我分析的价值。但另一些感受往往是带有个体特征的，这些感受提示有过去的情结或冲突在起作用。比如，同样是面对批评，有些人的反应就很强烈，他们之所以对批评反应强烈，往往是因为这个情景勾起了过去的创伤的经历和感受，于是就会以强烈的方式表现出来。因此对这些感受进行自由联想，往往能够浮现过去的一些类似情景，从中可以发现共同的主题。

下面是一个利用精神分析方法进行自我探索的例子。

“以前坐学校里的班车，学校里有四辆班车，我发现我坐的那辆班车是最旧的，对此我很不满，经常会对同事抱怨这一点，但我发现同事并没有觉察到我们的班车是最旧的这个事实。有一天我对这种不满进行了分析，我闲置了我的大脑，注意此时在我脑海里浮现的东西。短暂的空白之后，脑海里逐渐地浮现了父亲和弟弟的身影，我想起了爸爸偏心弟弟的几个情景，在我回忆这些情景时，当时的委屈和失落的感觉又重新浮现了出来。后来我还想到了有段时间我经常跟同事聊起高房价的事情，并对高房价深表愤怒。突然我意识到所有这一切都有一个不公平的主题，我之所以对于我所乘坐的班车产生不满，是因为我觉得受到了不公平的对待（班车是里面最旧的），这种不满由于受到过去的经历（父亲偏爱弟弟）的作用，导致了强烈的愤怒情绪和报复情绪（我曾幻想永不买房，以此来报复政府的不公平）。正因为我对不公平的过分敏感，所以我才那么容易觉察到仅仅相对而言有一些陈旧的班车，这对于我那个没有不公平主题的同事来说根本是忽略的。”

另外，记录自己的幻想也是一种了解自己的方式。幻想是愿望的满足，因此从幻想中可以了解一个人内心的渴望。有的人的幻想以性的满足为主，这表明对这些人而言性愿望的满足具有特殊的意义或性需要未得到充分的满足，或者这样的人往往以性来作为与异性联结的方式，比如有的男人看到女人就会不由自主地联想到性，他们往往把女性作为性对象，而不是跟他同样是有感情和想法的人。有的人幻想以权力欲望的满足为主，他们沉浸于权力的想象中得到自恋的满足，因此提示过去有自我价值的创伤。有的人以报复性的幻想为主，报复性幻想是一种攻击，往往与当事人幼时与父母的冲突有关，当事人将过去对父母的愤怒（往往是过去未曾意识到的）投注到幻想中的对象（如领导或老师等）身上，展开以往不曾做出的攻击行为。对于这些幻想的记录和分析，可以了解自己内心的未被满足的愿望。

第五节　积极认识自我的途径

有位秀才第三次进京赶考，住在一个他经常住的店里。考试前两天他做了三个梦：第一个梦是梦到自己在墙上种白菜：第二个梦是下雨天，他戴着斗笠还打着伞：第三个梦是梦到跟心爱的表妹脱光了衣服躺在一起，但是背靠着背。临考之际做此梦，似乎有些深意，秀才第二天去找算命的解梦。算命的一听，连拍大腿说：“你还是回家吧。高墙上种菜不是白费劲吗？戴斗笠打雨伞不是多此一举吗？跟表妹脱光了衣服躺在一张床上，却背靠背，不是没戏吗？”秀才一听，心灰意冷，回店整理包裹准备回家。店老板非常奇怪，问：“不是明天才测验吗？今天怎么就打道回府了？”秀才如此这般说了一番，店老板乐了：“唉，我也会解梦的。你这次一定能考中。你想想，墙上种菜不是高种吗？戴斗笠打伞不是双保险吗？跟你表妹脱光了背靠背躺在床上，不是说明你翻身的时候就要到了吗？”秀才一听，更有道理，于是精神振奋地参加考试，居然中了个探花。

这个故事说明，遇事要养成积极思维的习惯。我们在实现目标的过程中，头脑里要敢于去掉“不可能”三个字，而以“努力”代之，这样积极思维的习惯就养成了，好运才可能随之而来。梦想中的成功啊，其实就在一念之间！

心理学大师威廉·詹姆士说：“播下一个行为，收获一种习惯；播下一种习惯，收获一种脾气；播下一种性情，收获一种命运。”说到底，行为是心理的投射，积极思维的习惯能帮助我们渡过难关。

思维的态度决定人生的高度，这是一个亘古不变的人生命题。一个玻璃杯，装了半杯水，积极的人说玻璃杯是半满的，而消极的人士则说玻璃杯是半空的。所罗门说：“他心怎样思量，他的为人就是怎样。”这即是说，人们相信会有什么结果，就可能有什么结果，人不能取得他自己并不追求的成就。

一个人所处的地位与环境并不能确保他的将来，他必须首先在自己心中决定自己是否想得到它，自己有没有信心去得到它。有了这样的决定和认识，获取幸福的未来就并非难事。

人生如戏，戏如人生。用一种乐观的态度和用一种悲观的态度去看同一场戏，所得出的结果是截然不同的。

第六节　心理图像让你心想事成

以前我国有位音乐家，他的音乐造诣非常的高，常代表国家参加一些国际上的盛会。后来因为发生了“文化大革命”，这位音乐家以小资产阶级的名义被软禁起来，软禁他的囚房只能露出他的头吃饭，其余四肢都不能动弹。他看见左右牢房的人不是被枪毙，就是自杀。但是，他还是很幸运地被放了出来。之后，他接到国际音乐大会的通知，邀请他出席世界上的音乐盛会，他去了，在公开场合弹钢琴的时候，让很多人非常惊叹，因为他的钢琴弹得比他关进监狱前的技巧还要高超。

于是很多人问他："你被关了这么多年，身体不能动弹，只能露出头，为什么几年来你第一次弹钢琴，不但没有退步，反而进步了呢？"他说："在我住监狱的日子里，每天，我的头脑里面，却有个想象的钢琴，我虽然不能动，可我的思想每天都在弹它。"

如果我们正想象自己以某种方式行事，那么，实际上你也几乎就是那样做的，因为心理图像可以为我们提供一个实践的机会，让我们的行为日趋完善。

日常生活中，我们常常对别人说："祝你心想事成！"可是你知道吗，"心想事成"是有科学依据的。心理学家指出，如果你想要完成一件事情，你必须首先在内心认识这个事物，然后才能着手去完成它。当你在内心里"看到"一个事物时，你的内在"创造性机制"就会自动把任务承担起来，其完成这项工作的成效要远远胜过你有意识的努力或者"意志力"（可称为"超意志力"）。因此，在做一件事情时，不要过分地用有意识的努力或钢铁般的意志力去施加影响，也不要过分担心，总是疑心自己所做的一切的正确性。应当放松神经，在心里想着你真正要达到的目标，然后"让"你的创造性机制来承担任务。这样，心里想着你要达到的目标，最终将迫使你运用"积极思维"。这样，你就能"心想事成"。但是你并不能因为心里想着"干这件事"而不做努力或停止工作，你的努力要用来驱使你向目标迈进，而不是纠缠在无谓的心理冲突中。

美国的几个心理学家曾做过这样一个实验：把学生分成三组进行不同方

式的投篮技巧训练。第一组学生在20天内每天练习实际投篮，把第一天和最后一天的成绩记录下来。第二组学生也记录下第一天和最后一天的成绩，但在此期间不做任何练习。第三组学生记录下第一天的成绩，然后每天花20分钟做想象中的投篮；如果投篮不中时，他们便在想象中做出相应的纠正。实验结果表明：第二组没有丝毫长进；第一组进球增加了24%；第三组进球增加了26%。由此，他们得出结论：行动前进行头脑热身，构想要做之事的每个细节，梳理心路，然后把它深深铭刻在脑海中，当你行动的时候，你就会得心应手。

“心想事成”，就是你所向往的东西，你真心想要的，必须是命中注定该是你的。什么叫做“真心想要”？那就是不仅仅在思想层面而已，你必须打心眼里渴望这个东西，每次想的时候，都会到了浑然忘我的境界。而且最有威力的是，这让你随时随地都处在你已经得到了你想要的东西之后的感受里。而且视觉的观感是最重要的，你可以每天都在脑海里面演练你已经拥有你要的东西的画面，细节愈清楚愈好。这样去观想并且去经历那种感受，让你的每个细胞都充满信心地召唤它想要的东西……

很多人想的是他们不想要的东西，他们总是在想为什么不想要的东西总是出现在自己面前。因此，假设你坐在那里，看着山似的债务，并且感到心情很糟糕，你就会把这些信号发射到宇宙中。“唉！我有这么多的债务，真是烦恼死了。”你这样想只能是不断向你自己强调这种糟糕的状况，这种感觉充满了你的整个身心，结果你会得到更多的烦恼。

因此，当你看到你想要的东西，并从心底里接受它，你就激活了一个思想，但是，当你看到你不想要的东西，并在思想中排斥它的时候，你并没有把它推开。相反的，你激活了一个关于你不想要的东西的思想。

当然，你外在的努力还是很重要的。虽然这是一个内在的旅程和工作，但是我们不能整日在家做白日梦、游手好闲的，期待事情会从天上降临。老天爷还是很公平的，你的努力不一定有收获，但是你想要有收获，就非得付出努力不可。不过知道了心想事成的秘密之后，你采取行动的过程应该是毫不费力而又充满喜悦的，这样不但效果更好，你也乐得轻松。

为什么“心想事成”会实现呢？这是由于神经系统无法区分实际的经验和生动想象得出的经验，因而心理的图像便给我们提供了一个实践机会，我们可以通过想象把新的方法“付诸实践”。每一个北大学子都明白“心想事成”的道理，因此，他们在生活中懂得运用心理图像来将自己的想法“付诸实践”。

第七节　打破巴纳姆效应

让一个人水平伸出双手，掌心朝上，闭上双眼。告诉他现在他的左手上系了一个氢气球，并且不断向上飘；他的右手上绑了一块大石头，向下坠。三分钟以后，看他双手之间的差距，距离越大，则暗示性越强。

认识自己，心理学上叫自我知觉，是个人了解自己的过程。在这个过程中，人更容易受到来自外界信息的暗示，从而出现自我知觉的偏差。

在平时的生活中，我们不会每时每刻都去反省自己，也不会总把自己放在局外人的地位来审视。于是只能借助外界信息来认识自己，并把他人的言行作为自己行动的参照，因而很容易受外界信息的暗示，迷失在环境当中。由于外界信息的暗示，从而出现自我知觉的偏差。这个效应，是以一位广受欢迎的著名魔术师肖曼·巴纳姆来命名的。

他曾经在评价自己的表演时说：他的节目之所以受欢迎，是因为节目中包含了每个人都喜欢的成分，所以每一分钟都有人上当受骗。人们常常认为一种笼统的、一般性的人格描述十分准确地揭示了自己的特点，心理学上将这种倾向称为“巴纳姆效应”。

现实生活中，很多人信奉的认识自己甚至认识别人的工具就是星座说、血型说。“我是水瓶座，你是哪个星座，”女人们见面聊天，除了聊明星的八卦，聊各自身边的那个男人，聊时下流行的服饰之外，恐怕就是聊星座了。而且，大多数女孩一聊起星座来，往往容光焕发，且说得头头是道。用百度查星座，很快就出现大量星座网站和星座频道。有的信奉者甚至到了疯狂的地步——饮食起居、人际交往、工作学习等方方面面都受其影响。

如果那些虔诚的星座信徒知道了下面的这个实验结果，会有什么反应。

法国的研究人员曾做过一项测试，他们将臭名昭著的杀人狂魔马塞尔·贝迪德的出生日期等资料寄给了一家自称能借助高科技软件得出精准星座报告的公司，并支付了一笔不菲的报告费用。

三天后，该公司将一份详细的星座报告发送给了研究人员，大致的分析结果如下：他适应能力很好，可塑性很强，当这些能力得到训练就能发挥出来。他在生活中充满了活力，在社交圈举止得当。他富有智慧，是个具有创造性的人，他非常有道德感，未来生活会富足，是思想健全的中产阶级。

此外，这份星座报告还根据贝迪德的年龄做出了推断，预测他在1970年至1972年间会考虑到感情生活做出承诺。可事实上是，“颇有道德观”的贝迪德犯下了19条命案，于1946年被处以死刑。

拿到这份搞笑的星座报告后，研究人员又将第二次世界大战发起者希特勒的生日资料发送给其他星座研究公司，并找来50多名并不知道希特勒具体出生日期的星座爱好者参加讨论。

研究人员根据星座资料询问这些星座爱好者对不同星座性格的看法，结果都显示与多数星座资料书一致。最后，研究人员问在场的几乎所有星座爱好者，认为希特勒是什么星座，在场几乎所有人都认为阴险狠毒的天蝎座是希特勒的星座，只有两人认为是完美主义的射手座。可事实上，希特勒的生日是在四月，与这两个星座一点关系都没有。

最后，星座公司也没能准确地将希特勒的性格概况出来，并且还“不准确”地预测希特勒“非常喜欢动物，富有爱心，热爱和平”。

算命，星座，生肖等预测除了有心理方面的原因，还可以用概率学来解释。事物都具有两面性，因此这些预测常常有50%的胜算。“你这个人富有同情心，喜欢小动物。”像这样大众化的描述，大多时候是奏效的，当然也有50%失败的机会。

心理学家曾经做过一个实验，他给一群人做完一种多项人格检查表后，拿出两份结果让参加者判断哪一份是自己的结果。事实上，一份是参加者的结果，另一份只是一个平均值的结果。

参加者竟然认为后者更准确地表达了自己的人格特征。

这就说明，每个人很容易相信一个笼统的、一般性的人格描述特别适合自己，即使这种描述十分空洞。

心理学家做了这么一个实验，找来一些被试者，让被试者看下面的描述：

“你很需要别人喜欢并尊重你，你有自我批判的倾向。你有许多可以成为你的优势的能力没发挥出来，同时你也有一些缺点，不过你一般可以克服它们。你与异性交往有些困难，尽管外表上显得很从容，其实你内心焦急不安。你有时怀疑自己所做的决定或所做的事是否正确，你喜欢生活有些变化，厌恶被人限制，你以自己能独立思考而自豪，别人的建议如果没有充分的证据你不会接受。你认为在别人面前过于坦率地表露自己是不明智的。你有时外向、亲切、好交际，而有时则内向、谨慎、沉默。你的有些抱负往往很不现实。”

这段话很笼统，几乎适用于任何人。但当研究者问被试者这一描述在多大程度上反映了其人格时，绝大多数被试者认为这段话将自己刻画得细致入微、准确至极。研究者让被试者们在1至5级量表上打分表示描写的精确度，他们的评价竟高达4.5。

人们喜欢听他人对自己一般的、中性的但似乎很中听的评价。算命先生、看星相、看手相的人大多是以某种手段掩人耳目，根据人们表现出的较为明显的线索（如口音、衣着等），说出一段很一般的、无关痛痒的话，人们误以为他真的能够预测自己的命运。如听见你的口音是南方人，就说你办事周全、谨小慎微，看见你身材高大、口音是北方人，就认为你勇敢讲义气，能得贵人相助等。这些都说明人们对自己的认识很容易受“巴纳姆效应”的影响。

要避免巴纳姆效应，客观真实地认识自己，有以下几种途径：

第一，勇敢地面对自己。

学会正确看待自己的优缺点，不掩耳盗铃，也不自欺欺人，切莫以己之短比人之长，或以己之长比人之短。认识了解自己，从容面对自己的一切。不要觉得自己有“缺陷”就要把“缺陷”用某种方式掩盖起来，这样的人后果只是自己骗了自己。

第二，培养一种收集信息的能力和敏锐的判断力。

判断力是一种在收集信息的基础上进行决策的能力，信息对于判断的支持作用不容忽视，没有收集相当数量的信息，很难做出明智的决断。没有人天生就拥有明智和审慎的判断力，所以需要我们主动去培养自己这种能力。

第三，以人为镜，通过与自己身边的人在各方面的比较来认识自己。

在比较的时候，对象的选择至关重要。要根据自己的实际情况，选择条件相当的人来进行比较，找出自己在群体中的合适位置，这样认识自己，才会相对客观。

第四，要善于总结。

通过对重大事件，特别是重大的成功和失败来认识自己。重大事件中获得的经验和教训可以提供了解自己的个性、能力的信息，从中发现自己的长处和不足。越是在成功的巅峰和失败的低谷，越容易暴露自己的真实性格。

第八节　自我认识的偏差

“优于常人”效应和“差于常人”效应是社会比较中两个认知的偏差。前者是指社会比较中大多数人认为自身的能力、成就等高于一般人的现象；后者是指社会比较中大多数人认为自身的能力、成就等差于一般人的现象。

研究发现，与常人相比，人们倾向于过高估计自己完成简单任务时的能力和经历一些常见事件的可能性，过低估计自己完成复杂任务时的能力和经历一些罕见事件的可能性。当人们与一个模糊的群体进行比较，更容易产生认知偏差；而当人们与具体的、熟悉的个体进行比较时，则更容易做出合理而又准确的自我评价，具有乐观排位倾向的个体更容易产生“优于常人”的认知偏差。

人们更愿意用积极的眼光和从乐观的角度来看待自己。当我们的自尊受到威胁时，我们会产生自我提升的动机，进而认为自己优于常人。我们知觉自己的积极品质好于同伴，使得我们能更好地应对现实生活中的各种挫折，并有效提高我们的心理健康水平。

另外，在社会比较过程中，我们拥有更多关于自己的信息，而对比较对象（常人）的信息相对比较缺乏，这就造成了比较双方信息的不对称。这样就使得我们可以对自己的能力、表现等进行比较准确的评价，而对他人的评价则更多地依赖于对比较对象所在群体平均水平的猜测。因此，当我们认为自己的能力、表现和成就等高于他所猜测的平均水平时，就会出现“优于常人”效应；而当我们认为自己的能力、表现和成就低于他所猜测的平均水平时，就会出现“差于常人”效应。

一位美国心理学家做了一个实验，证明人确实容易拔高自己。他找来25个人，他们相互之间都是老熟人，因此比较了解各自的优缺点。实验者请他们每个人分别根据9个标准即文雅、幽默、聪明、爱交际、讲卫生、美丽、自大、势利、粗鲁，对所有包括自己在内的人排名次。比如，根据文雅标准，谁最文雅排第一，其次为第二……以粗鲁为标准，谁最粗鲁排第一，其次排第二……也就是说，每一个人都要对自己和其他24个人进行评价，这样，每一个人的每一个方面都有一个自我评价，还有对24个他人做出的评价。经过统计分析发现，这25个人身上都有不同程度的夸大优点和掩饰缺点的倾向。例如，有一个人自以为自己的文雅程度应该名列前茅，可是把其他24个人在这方面给他评定的名次平均一下，他的“文雅”程度仅列第二十几名。还有一个人，对自己“爱清洁”的品质的名次比他人给他的平均名次提前了5名，对“聪明”和“美丽”的程度的评价都提前了6名，而对自己“势利”、“自大”、“粗鲁”程度的评定却比别人评的低，他定的名次比别人给他定的后退了6名。

从这个实验我们能看到，我们对优良品质的自我评价常常比别人的估计高，对不良品质的自我评价则常常比别人的估计低，也就是说我们更容易拔高自己。懂得了这一点，我们就可以明白，为什么要谦虚谨慎，戒骄戒躁。这实际上就是为了克服我们有意无意地拔高和美化自己的倾向，使我们能更科学、客观、公正地评价自己。当然，这里的谦虚谨慎，并不是要求大家随意贬低自己，认为自己不行。“人贵有自知之明”，是说既要看到自己的不足，也要看到自己的长处，这样在学习和工作中才能扬长避短，取得好成绩。一个人的自我评价也不是在封闭着的自我意识中自然地形成的，而是在与周围各种各样的人的接触中，注意他们对自己的态度，想象他们对自己的评价，并以此为素材，把它作为一个客观标准内化到自己的心中而形成自我形象的。由此可见，自我评价中有许多也是社会对自己评价的反映。

下面列出了一些其他偏差：

1. 晕轮效应

当认知者对人的某种特征形成好的或坏的印象后，他还倾向于据此推论该人的其他方面的特征。如果认为某人是“好”的，也就认为这个人的所有品质是好的。就好像刚相处的恋人觉得对方什么都好，而分手后，觉得他什么都不好，也许只是因为一个优点而走到一起……

2. 积极性偏差

个体在评价他人的时候，往往更多地对他人做出积极的、肯定的评价即评价他人的时候总有一种特别宽大的倾向。是这样么？对于这个我保留意见，好像更多的是消极性评价吧。

3. 证实偏差

人们的既有观念或期望影响着人们的社会知觉和行为。人们总是有选择地去解释和记忆某些能够证实自己既存的信念或图式的信息。例如你认为某人和你不友好，那么你对那些你认为的表现和对你不友好的行为，你将注意的更多。其实偶然碰到不打招呼，很可能对方只是没有看到你。

4. 后视偏差

人们在回忆自己判断的时候，倾向于认为其判断比实际上更为精确。事后诸葛亮大抵如此。

5. 虚假一致性偏差

人们常常高估或夸大自己的信念、判断及行为的普遍性。例如自己疑心重重也认为别人疑心重重，认为别人想的和自己一样，总是从自己观点看别人。

6. 自我中心偏差

人们常常有夸大自己在某种事物中的作用的倾向。

7. 自我服务偏差

人们常常有对自己的良好行为有居功至伟的态度，而有开脱自己不良行为的倾向。

第八章

发现自己的人生使命

- 真正带给你幸福的
- “智慧地购买”快乐
- 乐观可以习得
- 没想的那么糟，也没多好
- 审视平凡的一天
- 心理治疗中的无名英雄
- “反木桶原理”
- 确定自己的优势
- “flow”状态
- 认真活在当下
- 工作狂属心理变态
- 睡眠更是为了智力
- 爱情与亲密关系

第一节　真正带给你幸福的

老子说，幸福是“无为而治”，顺其自然，不可强求，幸福就是取决于个人的心态。

罗素说，幸福是永远相对的，因为宝贵而珍惜，因为珍惜而幸福，这永远是获得幸福的真理。

你能否回答出以下这两个问题：“什么能够给我带来快乐？什么能够让我感悟到生命的成长，让我心怀感恩？”如果你回答出这两个问题，恭喜你，你已经找到人生幸福的真谛。

不少人对于自己的人生总是很迷惘，他们总是在不断地质疑与探索。有人虽然苦苦追寻一生，却无法获得幸福。其实，能够带给我们幸福的东西很简单。幸福可以是我们对于生活的一种感想，可以是闲暇时对往事的美好回忆；它可以有形，也可以无形。总之，幸福与否并无公认的标准，它完全取决于人的内心感受。

十多年前，《哈佛幸福课》的主讲老师泰勒教授遇到过一个年轻人。这位年轻人是一名律师，在纽约一家知名公司上班，薪水丰厚。坐在他的高级公寓里，中央公园的美景便一览无余。这个年轻人非常努力地工作，一周至少工作60个小时。各种会议记录、法律报告与合约事项，占据了他的每一天。然而当泰勒教授问他，如果可以选择，他最想做什么时，这名律师说，他最想去一家画廊工作。

“难道说，现实世界里找不到画廊的工作吗？”年轻人回答说：“不是的。但如果在画廊工作，我的收入会少许多，生活水平也会下降。我虽对律师工作兴趣不大，但又觉得没有其他选择。在外人看来，我每天过得充实而忙碌，我的工作业绩斐然，我拥有不错的社会地位与经济实力，可实际上，我并不觉得幸福。”

什么样的生活状态才能让你感到幸福？生活中，很多人都觉得别人生活得很幸福，自己总有诸多的不如意，不如别人幸福，却又不知道什么样的生活才是自己想要的。

每个人对幸福的定义不同。有人认为，通过努力获取了功名利禄，这便是获得了幸福；也有人认为，能够停歇下来，陪同家人安安心心地度过一个周末，这便是获得了幸福；还有人认为，能够在困境中重生，用新的眼光来看待世界，这也是获得了幸福。其实，幸福的定义很宽泛，它并不与任何物质利益相冲突。只有当你真正感觉到快乐，才算是走在了幸福的道路上。

泰勒教授的哲学老师在他毕业时，给他这样的忠告：“生命很短暂，在选择道路前，先确定自己能做的事。其中，做那些你想做的。然后再细化，找出你真正想做的。最后，对于那些真正、真正想做的事，付诸行动。”

幸福是什么？一个无所事事的穷人说有钱就是幸福？一个匆匆忙忙的富人说有闲就是幸福？一个满头大汗的农民说丰收就是幸福？一个漂泊他乡的

游子说回家就是幸福？一个失去双脚的残者说能走路就是幸福？一个失去光明的盲人说能看见就是幸福？一个日夜加班的工人说不上班就是幸福？

幸福是什么？幸福本身只是一种主观的感受，是一种美好的心理感受，凡是能带给我们这种感受的事物，都是我们幸福的来源。它们可能是物质上的极大丰富，也可能是精神上的极大满足。不管你是穷人还是富人，不管你对金钱的态度如何，只要你在人生奋斗的过程中感受到了满足与喜悦，收获了成就感与自豪感，你就是幸福的。

但是，越是把幸福看得很重的人越容易感到不幸福，甚至抑郁。幸福这个目标也是会给人带来压力的。不管每个人心中对幸福的定义有多么的千差万别，把幸福当作头等大事的人感受到的积极情绪比其他人少50%，对生活的满意度少35%。相对，追逐幸福的人比那些赋予生活其他意义的人表现出的抑郁症状要多75%。

第二节　“智慧地购买”快乐

人们说，有钱能使鬼推磨；人们又说，金钱买不来快乐。那么怎样花钱买来幸福感呢？只要肯花小小心思，幸福感其实是可以便宜“买”到手的。

被誉为“快乐教授”的哈佛大学社会心理学家丹尼尔·吉尔伯特提倡智慧地购买快乐。他表示：“我们现在知道，快乐的最佳预测指标是人际关系和与家人和朋友共处的时间。我们发现，这比金钱甚至健康都更为重要，这是数据告诉我们的。有趣的是，人们往往会牺牲社会关系而追求并不会如想象的那样带来快乐的金钱。这就是我为什么说人们应当‘智慧地购买’快乐。”

支招1：购买体验

人们常说“金钱买不来幸福”。美国一项最新研究显示，花钱买人生体验比花钱买实物更容易带给人快乐。

美国州立旧金山大学心理学系助理教授瑞安·豪厄尔在《积极心理学杂志》发表的报告中写道：“我们已知体验型消费者能获得更高生活满意度，但还想知道为什么有些人乐于花钱买体验。”

他认为，体验型消费之所以带来幸福感，一方面因为这往往是和亲友共同参与，从而让人们心理联结更加紧密，另一方面在于它会让人感觉自己充满活力。物质型消费则不会带来这样的感受。此外，体验型消费多会因持续的收获带给人长久的快乐。

新奇的东西并不能带给人们持久的幸福感，新鲜劲很快就会消失，一段时间后人们就会对新手机视而不见。20世纪70年代，美国的研究人员在对乐透中奖人的研究中发现，他们在赢得奖金的一年后，幸福感就消失了，因为根据“享乐适应”理论的观点，当因为环境的改变而让人们变得快乐的时候，人们通常很快就会习惯环境的这种变化，然后快乐指数就会恢复到以前的状态。心理学家认为购买“体验”能让幸福感更持久，例如旅游、演唱会、趣味课程等，这种体验让人们在未来的几十年里拥有鲜活的记忆和充沛的谈资，每一次的回忆都更加美好和幸福。如果想要用金钱购买幸福的感觉，那么不要再购买实物性质的物品，而是购买受益终生的体验吧。

支招2：一块蛋糕两次吃：源源不断的小幸福打败一次奢侈体验

加州大学圣地亚哥分校管理学助理教授尼尔森（Leif D.Nelson）和纽约大学管理学副教授梅维斯（Tom Meyvis）在2008年做了一项研究，让两组志愿者分别参与为时3分钟的按摩体验。第一组在按摩中会有一次20秒的短暂休息，而另一组则会不间断地持续享受完整按摩过程。问题是，哪一组会因为这次按摩获得更多的幸福感呢？

人们本来料想，第二组不间断享受的人，一定能获得更多幸福感，他们却错了。事实上，中途经过短暂休息的第一组志愿者，体会到了更多的幸福感。这是为什么？

说起来，幸福感最大的敌人是“习惯”——当我们开始“习惯于”一项能够带来快乐的事情，它们的妙处反而会慢慢减少——听起来好伤感，可确实如此。所以，想要获得更多快乐，不如常常做一些花钱少但是不一样的新鲜事儿，这样反而会比一次享受一个盛宴来的开心。

支招3：越“拖延”，越开心：免费获取幸福感的好途径

做决定到底应当快刀斩乱麻，还是应该像电影《当哈利碰见萨利》（When Harry Met Sally）中的萨利一样，“纠结”到点个菜都得用一个半小时呢？

现代市场将一种“当场取货、以后买单”的预支性消费体验强加给我们，可消费者真心喜欢吗？人们不喜欢！人们偏偏更喜欢那种从“等待物品来临”的过程中衍生出的喜悦感。

为什么呢？这可能与“蔡戈尼克记忆效应”（Zeigarnik effect）有关。这个效应是指人们天生有一种办事有始有终的驱动力，人们之所以会忘记已完成的工作，是因为欲完成的动机已经得到满足；如果工作尚未完成，这同一动机便使他对此留下深刻印象。

20世纪20年代苏联心理学家B.B.蔡戈尼克在一项记忆实验中发现一个心理现象，她让被试者做22件简单的工作，如写下一首你喜欢的诗，从55倒数到17，把一些颜色和形状不同的珠子按一定的模式用线穿起来等等。完成每件工作所需要的时间大体相等，一般为几分钟。在这些工作中，只有一半允许

做完，另一半在没有做完时就受到阻止。允许做完和不允许做完的工作出现的顺序是随机排列的。做完实验后，在出乎被试者意料的情况下，立刻让他回忆做了22件什么工作。结果是未完成的工作平均可回忆68%，而已完成的工作只能回忆43%。在上述条件下，未完成的工作记忆比已完成的工作记忆保持得好，这种现象就叫蔡戈尼克效应。

也就是说一件“尚未被完成”的事，会一直存在于我们的记忆中，直到它被我们认为“已经处理掉”。也就是说，我们的目标或者期望一旦达成，大脑就会迅速忘掉它们，而更重视那些还躺在未来的期待中的新鲜事物——那些“不确定感”，除了会有带来轻度焦虑的负面影响之外，其实更能带给我们数不清的幸福感。

当然，你也许会说：“不是这样的，一旦我想要，我就是立刻要得到它才会开心。”——这当然也有迹可循：我们大脑的一部分控制“贪婪欲”，它给我们一种错觉，让我们误以为立刻实现愿望会比在一段时间后才实现它更快乐——然而，这只是一种错觉。

现在，我们都知道预支消费会给经济带来很多麻烦，但是，我们更应该了解，这种剥夺了我们“期待好东西来临”的过程的消费模式，其实也抢走了我们一个“免费”获得幸福感的绝好途径。

所以，等待吧，慢点做决定，保持“纠结”。

心跳加速的期待、不确定的小焦虑，以及反复的思索不仅会带来更理智的消费决定，也会让我们花更少的钱，体会到更多的乐趣。

支招4：帮别人买单：“谁买单，谁幸福”理论

即使我们都觉得自己赚钱自己花可能是最开心的事，但是，研究表明，当我们在别人身上花同等量的钱时，反而能获得更多的幸福感。这可能是因为我们把花在别人身上的钱看作是一种投资。

第三节 乐观可以习得

作家哈里斯有一天和他的朋友在街上逛，哈里斯看见一家卖报纸的，于是就向小摊贩买了一份报纸，并且很有礼貌地说了一声谢谢，没想到的是摊贩并没有给予同样的回报，这个摊贩给了哈里斯一个臭臭的表情。朋友很气愤，觉得一个卖小东西的人算什么啊，干吗摆着这么臭的一张脸！心里憋满了气很为哈里斯不值。

当哈里斯跟他朋友又走了两段路后，他的朋友终于忍不住了，问哈里斯："你不觉得刚才那个摊贩的态度很差吗，你不觉得气愤吗？"

哈里斯笑笑说："我每天晚上都是这样的，没什么啊。"

他的朋友更惊讶了："他竟然每天对你的态度都是这样差？你为什么还是每次都很有礼貌地跟他说谢谢呢？"

哈里斯笑着对朋友说："我们何必让别人来影响自己的心情呢？"

对啊，如果哈里斯不是这么个不受他人情绪影响的人，那他每天买完报纸后都会想到摊贩的臭脸，肯定不会有好的心情了。其实快乐与否都该由自己来决定，我们何必让自己快乐的钥匙掌握在别人的手上！如果只因为对方不友善的回应而自己生闷气，那是多么的不值得啊。

为什么在小摊贩那里买了报纸后，小摊贩的表情还那么臭？为什么哈里斯和朋友对小摊贩的态度的反应有这么大的差距？

假如我们对人的一生中所说的频率最高的话做一个总结，那么"为什么"一定是其中出现频率最高的一句话。原因是人类天生就有追求事物发展精确性的需求，这是我们人性中天生的一部分，谁也无法摆脱。

在心理学中，关于“为什么”的问题有一个专业名词，叫做“归因”，也就是我们常说的“找出问题的原因”。

听上去仿佛很简单，但实际上，归因的过程是很复杂的，涉及一系列的心理活动。心理学家发现，对于同样一件事，不同的立场会依据不同的归因。

那么，人们是如何对他人的行为进行归因、解释他人行为的呢？归因理论能提供给我们一些答案。

归因一般分为内部归因和外部归因。内部归因，指存在于个体内部的原因，如人格、品质、动机、态度、情绪、心境以及努力程度等个人特征；外部归因，是指行为或事件发生的外部条件，包括背景、机遇、他人影响、工作任务难度。

当人感到沮丧受挫时，归因于外部，则心情不会受到影响。

按照著名的归因研究者韦纳（B.Weiner，1972）的观点，归因不是一个独立的过程。归因研究的价值正在于归因是上一次行为和下一次行为之间的重要环节，具体地说，对上一次行为的原因的解释将对下一次行为产生重要的影响。例如，如果一个学生将失败的原因归结为自己太笨，那么，他就会自暴自弃，因为聪明和笨是自己无力控制的；相反，如果他将失败归结为自己不够努力，他就会为了获得下一次的好成绩而付出努力，刻苦学习。从这个角度而言，归因是影响学习动机的重要因素。

韦纳确定了成就情境中成败归因的最显著的原因知觉即能力、努力、任务难度、运气。如果将失败归因于能力差或任务难，就会令人降低对成功的期望，导致消极情绪的出现，这样的人对自己的评价大多消极、悲观。如果把失败归因于运气不好或自己还欠缺努力，则会提高对成功的期望，产生积极的情绪，行动起来也更有力量，这样的人对自己的评价多是积极的。

同一种活动情境中的原因知觉是多种多样的，不同情境中的原因知觉更是千差万别，为了寻找众多的原因知觉内在的共同特性，韦纳通过逻辑和经验分析、数理统计分析（相关法、多因素分析法、多元方差分析）确定了原因的三个维度：①原因源，原因源是指原因是行动者自身原因还是外部环境的原因，如考题难度是外部原因，能力是内部原因；②可控性，可控性是指原因能否受行动者主观意志的控制，如努力的可控性较高，能力、运气的可控性较低；③稳定性，稳定性是指原因是否随时间而改变，如运气很不稳定，而能力较为稳定。韦纳进而提出了归因的三维结构模式：原因源×可控性×稳定性。他认为对任何一种原因知觉都可以从这三个方面进行分析。

不正确的归因方式可能会导致一个严重的后果，那就是习惯性无助。

“习惯性无助”是美国心理学家、积极心理学之父塞利格曼1967年在研究动物时提出的，他用狗做了一项经典实验。起初把狗关在笼子里，只要蜂鸣器一响，就给以它难受的电击。狗关在笼子里逃避不了电击。多次实验后，蜂鸣器一响，在给电击前，先把笼门打开，此时狗不但不逃而是不等电击出现就先倒在地开始呻吟和颤抖，本来可以主动的逃避却绝望地等待痛苦的来临，这就是习惯性无助。

1975年，塞利格曼再次做了与“习惯性无助”有关的实验，他选择大学生为被试者，将学生分成三组：让第一组学生听一种噪音，这组学生无论如何也不能使噪音停止。第二组学生也听这种噪音，不过他们通过努力可以使噪音停止。第三组是对照，不给受试者听噪音。当受试者在各自的条件下进行一段实验之后，即令受试者进行另外一种实验：实验装置是一只“手指穿梭箱”，当受试者把手指放在穿梭箱的一侧时，就会听到一种强烈的噪音，放在另一侧时，就听不到这种噪音。

实验结果表明，在上述的实验中，能通过努力使噪音停止的受试者以及未听噪音的对照组受试者，他们在“穿梭箱”的实验中，学会了把手指移到箱子的另一边，使噪音停止，而第一组受试者，也就是说在原来的实验中无论怎样努力，都不能使噪音停止的受试者，他们的手指仍然停留在原处，听任刺耳的噪音响下去，却不把手指移到箱子的另一边。

“习惯性无助”与人们的归因方式紧密相关，如果个体把控制力缺失归因为永久性而不是暂时性的，认为是自己的内在人格因素而非情境因素导致了自己的无能为力，便会将这种想法渗透到生活的其他方面，易产生习惯性无助。

“习惯性无助”对于获得成功而言，是一种消极的心理暗示，如果人们在经历多次失败后，便认为自己注定无力改变现状，或者取得突破性进展，就会索性放弃努力，不再进行任何新的尝试，哪怕实际上他们仍有获得成功的潜力。

“习惯性无助”是因为错误的归因，是因为后天的经验所导致的，这也是件好事。由于“习惯性无助”并不是先天就有的，因此，可以通过教给人们一些正确的归因方法，从而改变人们的这种无助状态。

当人们认识到自己“对行为的结果无力控制”，这其实就是一种消极归因，即把失控受挫归结于自己没有能力。而通过适当的归因训练就可以防止这种消极认知的产生。比如，有人提出了“积极归因训练”模式，此模式有两层含义：第一层含义是“努力归因”，即无论成功或失败都把它归结于努力与否的结果。这样不但可以提高积极性，而且当遇到困难和挫折时，通常也不会由于一时的失败而降低对将来取得成功的期望。第二层含义是“现实归因”，针对一些具体问题引导人们进行现实归因，可以自己分析，除了努力这个因素外，使我们失败的因素还有哪些，以及这些因素在多大程度上影响我们的成绩，并尽力指出解决这些问题的方法，从而提高我们克服困难的勇气，增强我们的自信心，防止习惯性无助的产生。

北大课堂上曾多次提到心理学家塞利格曼，他提出了习惯性乐观。

习惯性乐观是指一个人把失败归因于外部的（而非个人），可变的（而非永久），具体的（限于特定的情况）的习惯。例如，一个乐观的人把失败的原因归结为外因（环境或其他人）、那些可能不会再次发生的偶然因素，以及某些不会影响他/她在其他方面的成功的特定原因。

与这种解释风格相联系的，有更好的表现（学术，体育，或工作效率）、更大的人际关系满意度、更好的生活应对、更少的抑郁症，和更好的身体健康。

乐观是幸福的一个重要因素。学会了如何乐观，也就离幸福更近了一步。

第四节　没想的那么糟，也没多好

相传，明朝开国皇帝朱元璋少时家贫，被迫到家乡黄觉寺当了一名小和尚，以图有口饭吃。但是，不久家乡闹了灾荒，寺中香火冷落，他只好外出化缘。有一次，他一连三日没讨到东西，在街上昏倒了，被一位老婆婆救起带回家。老婆婆将家里仅有的一块豆腐和一小撮菠菜，加上红根放在一起，浇上一碗剩粥一煮喂给朱元璋吃。朱元璋吃后，精神大振，问老婆婆刚才吃的是什么，那老婆婆开玩笑说那叫“珍珠翡翠白玉汤”。

后来，朱元璋当上皇帝，尝尽天下美味佳肴，突然有一天想起了当年在家乡乞讨时吃的“珍珠翡翠白玉汤”，于是下令御厨做给他吃。御厨将珍珠、翡翠和白玉混在一起煮成汤，朱元璋尝后觉得不对味，一气之下把御厨杀了，又让人找来一位家乡的厨师。这位厨师很聪明，以鱼茸代珍珠，以红柿子椒切条代翡，以菠菜代翠，以豆腐加馅代白玉，并浇以鱼骨汤。朱元璋一吃感觉味道与当年老婆婆给他吃的一样，于是下令重赏那位厨师。

聪明的厨师做的完全不是当年那道用残羹剩饭熬成的“珍珠翡翠白玉

汤”，其中的材料比当年那些新鲜名贵得多，朱元璋却认为和当年那道汤的味道一模一样。试想如果厨师按照之前的材料和做法做给朱元璋吃，可能也免不了杀头之罪了。为什么在当年尝起来美味十足的“珍珠翡翠白玉汤”，到了今日却可能难以下咽呢？这与我们的感觉有关。

这是因为感觉适应。感觉适应在我们日常生活中十分常见，例如一个人刚搬到一间临街的房子，每天就会被过往汽车的噪音吵得睡不着觉。但一段时间后，他便对这种声音产生了“抵抗力”，不会再像最初那样容易被干扰了。这是因为，他已经习惯了汽车的噪音，而这种所谓的“习惯”，正是心理学上所说的“适应”。

对于快乐人们也会适应。这被称为享乐适应。很多人试图通过改变生活环境来获得幸福，比如赚更多钱、整容、购物。这往往也是当今社会主流文化、我们的家人、同伴、亲友的共同认知。可惜大量的科学研究表明，这样做只能使人得到短暂的幸福，最终都会失效。除非生活条件差得连基本的温饱都保证不了，否则外界环境既不是幸福的障碍，也不是提升幸福的有效途径。这是为什么呢？因为有一股非常强大的力量在起作用，心理学家称之为享乐适应（Hedonic Adaptation）。人类很容易就适应感官和生理的变化。

关于享乐适应最具典型的一个心理学研究是20世纪70年代，心理学家们对美国伊利诺伊州中彩票的人的调查。这些幸运的人他们都赢得了50万到100万美金的大奖。按说他们的生活会变得幸福很多吧，谁知还不到一年，他们谈起自己的时候，并不认为自己比其他没中奖的人更幸福。相反，他们觉得自己从日常生活中得到的乐趣反而没有以前多了。

为什么会发生享乐适应呢？最大的两个原因是欲望的增加（比如，中了大奖，买了大房子，过了一段时间，就会觉得房子其实不算大，于是想着买个更大的）和比较的心理（比如邻居开了宝马，就觉得自己也该弄辆宝马来开）。结果财富是增加了，但是幸福水平却变化不大。这也就解释了为什么在当今中国，我们的生活水平比10年、20年前提高了好多倍，但是我们的幸福感却不见得有所提高。所以，我们不能把幸福的希望寄托在，“当……的时候，我该多么幸福”或是“如果……的时候，我该多么幸福”，因为即使我们真的拥有这些的时候，幸福并不会长久。

适应使快乐的价值不断提高，使人们需要找到越来越多的刺激来使自己快乐。但适应却也可以使人们在遇到悲惨，糟糕的事情的时候，迅速恢复。

哈佛大学社会心理学家丹尼尔·吉尔伯特（Daniel Gilbert）被人们称为“快乐教授”，他在接受《科学家访谈》的采访时这样说起了他的一段适应过程：“在一段很短的时间内，我的导师和母亲相继离开人世，我的婚姻破裂了，我那十几岁的儿子在学校里不断地生出些麻烦。我突然发现我的情况糟透了，但还不是毁灭性的，我还得继续。一天，我和一个朋友共进午餐，他也正在经历一段困难时期。我对他说：‘如果你一年前问我将如何处理所有这一切，那时的我会预测我现在每天早晨都不能起床了。’在预测当我们遇到极大压力该如何反应时，我们都预测错了。不过难道我们是唯一做出错误预测的人吗？这件事让我深思。我很想知道：人们如何精确地预测面对未来事件时他们的情绪反应？

“如果我们不能预测出我们在未来将如何反应，我们就不能为自己确立现实的目标，也不会知道如何去实现它们。如果你不能辨别未来的哪些情况比另一些要好，那是很难发现快乐的。

“在我的实验室里，我们一再观察到的情况是，人们没有能力来预测什么事件将使我们快乐或不快乐。如果你不能辨别未来的哪些情况比另一些要好，那是很难发现快乐的。事实上，糟糕的事情并没有像我们预期的那样影响我们，我们也迅速地适应了。明白这一点很重要。因此，失明并不会使你变得像你认为的那样不快乐，而中了彩票，也不会使你感到像你期望的那样快乐。”

这也就是说，人们通常很快就会习惯环境的这种变化，然后快乐指数就会恢复到以前的状态。

第五节 审视平凡的一天

正如上节所说，某些程度上说，适应性是好事。首先，如果我们不适应，我们就会听到各种各样的噪声，我们会变疯的，因为我们现在周围有很多嘈杂声，除了我们在听的声音外，还有打字声、呼吸声，偶尔外面传来的汽车声等等，如果我们什么都听得见，我们会疯的，所以适应性是件好事。这就是为什么有些人住在高速公路旁边，晚上还能睡着。因为过了一两个月，他们就听不到汽车声了。

但适应性也有坏的一面。

当我们适应了，我们就会习以为常，这不是好事，因为我们对重视的家庭习以为常，我们对友情习以为常，我们对等一下在餐厅里为我们端上的饭菜感到习以为常，我们对坐在旁边的人习以为常，我们对在学校里上的课程习以为常，因为我们适应了。在处理消极的事情时，适应性是好事，但当我们对生活习以为常时就不是好事了。

我们需要问的一个问题是：能不能做到两全其美？能不能在适应消极的同时，不对积极的东西习以为常？

《哈佛幸福课》的主讲老师泰勒曾讲过这样一个犹太传统故事：

一个男人，住在一个犹太小村里，他过得很苦，他住在一间小房子里，家里有很多孩子，他妻子整天在耳边唠叨，他们不停地吵架，生活得太糟糕了。那个男人想改善他的生活，所以他去找拉比

（犹太人智者的象征），把他的情况告诉她。拉比说：“你后院有鸡吗？”“有。”“下周，把鸡带进屋里。”“拉比，你在说什么？我们没有地方。”“把鸡带进屋里。”男人很虔诚，信任他的拉比，一整周都把鸡放在屋里，鸡粪、鸡毛、臭味，什么问题都有。孩子们吵得更凶了，他妻子更唠叨了，“你为什么要这样对我们？房子本来就够小了。”“拉比吩咐的。”他们继续吵架，这一周终于结束了。他跑到拉比那里说：“拉比，帮帮我。”拉比说：“情况怎么样？”他说：“更糟了，家里没地方了，我们整天吵。很臭，太糟糕了。”“孩子，你后院有牛吗？”“有，拉比，我们有牛。”“把鸡和牛都带进屋里一周。”“拉比，但是……”“按我说的做。”他把牛也带进屋里，这一次更糟糕，他鼻孔里都是这股臭味，他们一周不得安睡，太糟糕了。一周过去了，他整个人衣衫不整，憔悴不堪，浑身臭味，他去找拉比说：“拉比，帮帮我，情况太糟了，糟透了。”“你家后院有马吗？”“有，我知道你想怎么做了。”他又把马也带进屋里。太糟糕了，马乱踢乱叫，到处跑、跳，把东西摔坏，家里一片混乱，吵声不断，糟透了。终于一周过去了，他跑去找拉比，拉比说：“现在你过得怎么样？”“拉比，太糟了。”“好的，下周，你把动物都带出去，然后再来见我。”一周过去了，他来见拉比，拉比问：“现在，情况怎么样？”“拉比，太好了，家里宽敞多了，气味太好闻了，我们一家人其乐融融，孩子很高兴，非常感谢你，拉比。”

这个故事说明了什么，那就是，人们总会把现存的美好当作是理所当然。

为了打破这种状态，最好的办法就是对所拥有的东西抱有一种感恩的心态。我们可以培养感恩之心，如果我们把感激当成一种生活习惯，如果我们培养感恩的习惯，我们便不再把好事习以为常。

想想你上次感激别人时，当你向别人表达感激时，你有什么感觉？你使对方有什么感觉？或者当别人感激你时？你会有一种飘起来的感觉，形成一个良性循环，前提是这种感激是真诚的，我们感激得不够，我们的感激之情表达得不够，不管是对我们吃的食物，还是写作，不管是对朋友还是对家人。

美国研究人员发现，怀有感恩之心，能让人心态平和、乐观，这对于心脏和血管健康都大有帮助。感恩与爱和满足感一样，能让人活得更健康。对自己目前拥有的一切（无论是爱侣、成就，还是依然活着）心存感激之情和满足感，可以促进催产素的分泌。催产素号称“信任激素”，由下丘脑分泌，它能调节自主神经系统、也能调节脑部其他主管情绪和社会行为区域的活动，能起到放松神经系统，释放压力的作用。

在幸福感提升的研究中，以埃蒙斯（Emmons）、吕波密斯基（Lyubomirsky）及塞利格曼（Seligman）三个研究团队的几个实验及实施方法最为简要，不失作为日常生活中自我提升或提升我们幸福感受的好方法，因此，在此做一个简要说明与介绍：

第一个实验，他们设计十周的报告，每周五件事，而受试者为大学生，分别被指派至感恩、争执（使人困扰的事）和事件等三种情境中。之后，再经情绪、生理症候、社会支持等量表测量，研究结果发现：感恩情境的学生产生较多的感恩，另外，助人行为的感恩反应与整体幸福感有很大的关系。最后，在感恩组参与者在整体生活上觉得比较好，而且对未来一周将面对的经验有较乐观的想法。每周好处的列表与更多积极、乐观的个人生活评价、更多时间的练习和较少报告生理症候有关。

第二个实验，则是除了两周持续写日记外，还将第三种情境换为“向下的社会比较”（想自己比别人好的地方）。结果发现，感恩情境仍明显在十三天中增加了积极情绪。另外，研究中也显示，每天写比一周才写一次日记有更多潜在的感恩产生。每天自我引导的感恩练习与较高的积极情绪有关。人们被引导重视别人给予他们的恩惠，因此可能报导报告更多助人或安慰他人的事情。这研究也指出，利社会动机的产生是感恩的引导的结果。

第三个实验，是持续三周写日记，有两组情境，一组是感恩组，另一组是控制组，而控制组每天只是完成幸福感和整体量表的评量。实验结果发现，感恩情境产生较多的积极情绪、较多的睡眠、较好的睡眠品质、较乐观及对其他人互动的感受；另外，研究甚至发现，感恩策略的介入减少了负向情绪，也与一些相关研究的结果一致：感恩的特质较少与负向情绪有关。此外，感恩介入的效果特别在于“感恩的引导”上，故如何引导感恩，有其重要性。

怎样培养感激？何不先审视平凡的一天？有什么事是你不自觉的就会去处理的？有什么事是毫不费力你就会全心投进去的？

1. 也许，是你早晨喝的第一杯咖啡，让你感到温暖，睡意全无；或者是带你的狗出去散步，或者是跟孩子玩骑背背；

2. 培养感激需要经过一次又一次的练习，直到变成第二天性；

3. 直到变成习惯，直到我们把一次的感激变成我们性格的一部分。

这是能做到的，其中一个方法就是：每天都找出一两件事，有意地专注于这些事上，不管是在餐厅喝的第一杯咖啡，还是走向教室的那段路程，还是你独自在房间里闭着眼睛集中精神听音乐、欣赏你最喜欢的歌曲，不仅花时间去变成红酒鉴赏家，还要成为生活的鉴赏家。

4. 要成为生活的鉴赏家。

一位女士向人们讲述了自己的经历：

我的儿子一周岁的时候被确诊为“注意力缺损多动障碍”，我最初的反应是得到了安慰——我终于理解了他的行为举止。不过，紧接着，我就陷入了悲伤、恐惧和气恼中。我感到很难过，为儿子，也为我自己。跟其他与我有相同处境的人一样，我不禁也问上帝：“为什么是我？”

上帝的眷顾，使我如今可以把心思放在感恩上。我相信，因为上帝相信我会把我最好的一切给我的儿子，才选择我来抚育他。上帝将教我如何去爱、去理解儿子。我因有我的儿子而感激上帝，感谢他选我做我儿子的母亲。

感恩是一切情绪中最具威力的情绪之一。它往往以一种爱的形式来表现，一个拥有积极心态的人常常通过他的思想和行动，主动表达出自己的感恩之情。包括上天恩赐给他的、人们给予他的、人生所经历的一切，并且在感恩的同时珍惜生命，善待他人。

生活安稳时，表达感激很容易。生活困窘时，表达感激更富于挑战性。经济困难，长期的病痛折磨，亲人离世和夫妻不和都会使你陷入困境，令人心烦。虽然痛苦难以避免，但如何看待痛苦却是可以选择的。正面、感恩地看待痛苦使我们更为坚强、贤明，更加热爱今天。

第六节　心理治疗中的无名英雄

“人类中每个成员都有一种与生俱来的以韵律、节奏和运动为表征的生存性力量和创造性力量，这就是本能的缪斯。”这种本能的缪斯的充分展现可使人产生巨大的身心愉悦和满足，体育运动正有此功效。体育运动直接作用于人的生理结构及其机能，使人身体各部分都能得到和谐发展，从而使人体健康快乐。

运动使我们平静，使我们的身体处于自然状态，这种状态更为平静，而不是苦闷愤怒，人们需要释放那些怒气，很不幸的是，通常人们通过打架斗殴来释放，用运动将它转换成健康的活动更加有益身心。

运动与快感之间的联系是不言而喻的，所以全球的运动热潮长盛不衰。运动能产生内啡肽，内啡肽能使人心情快乐。

有一些障碍会阻碍我们进行运动。包括，伴随运动而来的疼痛，使运动更难了，运动引起不适，克服不适的最简单方法是进入状态，因为通常我们跑步进入一种状态后，我们就感受不到不适了，但必须开了头才行，找别人来支持你克服困难，慢慢适应，用一些东西分散注意力，例如电视，MP3，能分散注意力就行了。

很不幸，另一个障碍，那就是我们没有时间，有太多事要做了。其实，最不能放弃的是运动。为什么？因为它是一项投资，虽然失去了45分钟，运动30分钟之后洗个澡，但获得了更多，这时间花得很值得。为什么？因为做运动，记忆力提高，所以我们更能充分利用学习时间，创造力提高了，精神更集中。要是我们有多动症，就更要运动了，即使对于没有多动症的人来说，运动也能大大提高注意力，使注意力集中，活力显著提高，所以这时间花得值得。

另一个阻碍定期运动的障碍，是一个有趣但经常被忽视的障碍，这个障碍非常强大，潜意识障碍。积极心理学之父塞利格曼表示："大部分人都专注于脖子以上"。心理学家是这样，学术机构里的学生是这样，但专注于脖子以下，也同样重要。事实上，要获得幸福，脑袋的作用是有限的。运动是心理治疗中的"无名英雄"。约翰·瑞提（John Ratey），哈佛医学院教授，精神病医生表示："某种程度上，运动可以说是精神医生的理想药物，它能对焦虑症，恐慌症，普通的压力，压力和抑郁症有莫大帮助。运动能释放神经递质，去甲肾上腺素、血清素、多巴安，这些物质与重要精神类药物相似，做一轮运动就像吃了一点百忧解，一点利他林，针对性很强。"运动产生的这些神经递质，可以说是没有副作用，也可以说是有副作用——积极的副作用，身体，精神和情绪的副作用。

正因为这种效果，运动能对负性情绪产生一定的影响。

负性情感是指个体以自定的标准面对各种环境时感受到焦虑、不安、忧郁、紧张、烦恼、沉闷、厌烦等消极情绪的心理体验。身体锻炼对负性情感的影响可以从两方面来论述：一是身体锻炼对心理患者不良情绪的影响，二是身体锻炼对健康人不良情绪的影响。

在身体锻炼对心理患者的不良情绪效应方面，格雷斯特（Greist）是第一个用实验性运动疗法治疗临床抑郁症患者的。他研究了28例门诊病人，随机分跑步组（每周3次，每次1小时）和心理治疗组（1~2种心理疗法，每周一次），经过12周的治疗和随后9个月的复查，结果发现，运动的降抑郁作用与有时限的心理治疗作用相同，并优于非时限的心理治疗。有许多研究都表明，身体锻炼可以缓解心理疾病患者的不良情绪。

北大心理课堂上曾提到，在身体锻炼与健康人的不良情绪效应方面，有研究表明，一次身体锻炼便可使紧张、困惑、疲劳、焦虑、抑郁和愤怒等不良情绪状态显著改善以及精力感和愉快程度显著提高。仅一次功率自行车练习就使健康和亚健康的大学生焦虑程度下降，5分钟的步行也有助于提高心境状态。长期性的身体锻炼可以使焦虑、抑郁等不良情绪状态显著改善。

第七节　“反木桶原理”

一个著名的“短板理论”：由长短不一的木板组合而成的木桶，决定木桶容量的不是最长的那根板，而是最短的那一根。这个理论影响了许多人，使得人们把过多的精力放在弥补其缺点、劣势上，而不是去发展他的优势。

和“短板理论”相反的一个理论，被称为“反木桶原理”。反木桶原理说：木桶最长的一根木板决定了其特色与优势，在一个小范围内成为制高点。第一个和第二个木桶一样，只是第一个桶的一个木板比第二个桶的长一些，我们将第二个桶稍作倾斜，利用长板，则可以装更多的水。

去过寺庙的朋友可能会注意到这样一个有趣的现象：一进庙门，首先是弥勒佛，笑脸迎客，大度能容；而在他的北面，则是黑脸韦驮，一脸严肃。其实相传在很久以前，他俩并不在同一个庙里，而是各有自己的地盘，分别掌管不同的庙。由于弥勒佛热情快乐，因此来烧香拜佛的人非常多，但他大大咧咧，什么都不在乎，整天丢三落四，账务管理得一塌糊涂，所以虽然香客旺盛，但经济上依然入不敷出。而韦驮呢？他虽然管账是一把好手，但成天阴着个脸，太过严肃，好像人人都欠他的钱，也不会主动与人沟通，结果人越来越少，最后香火断绝。

佛祖在查香火的时候发现了这个问题，就将他俩放在同一个庙里，由弥勒佛负责公关，笑迎八方来客；而韦驮铁面无私，原则性强，又懂业务，则让他负责财务。通过这种分工合作，结果香火越来越旺，钱财也越来越多，一派欣欣向荣的景象。

成功心理学创始人唐纳德·克里夫顿博士说，成功者一般都了解自己的优势所在。但在现实生活中，一般人很难把握自己的优势，所以更不能很好地经营自己的优势。爱因斯坦发觉自己思考方式偏向直觉，其优势在于物理方面的研究，因此，他就没有选择其他专业，而是选择更需要直觉的理论物理作为事业的主攻方向。

对于一个人来说，其事业能够达到的高度，往往取决于自身的长处和优势，而非短处和弱势。也就是说，优势代表一个人的竞争力。如果放弃了优势，不去培养、扶持它，而是花所有的力气去提高那些弱势，就像让聂卫平去踢足球而让郝海东去下围棋一样得不偿失。

我们每个人都有许多一窍不通、毫无天分的领域，在这些领域我们甚至连平庸的水平都达不到。管理大师德鲁克表示："在改进弱点上，我们要尽可能少浪费精力。精力应该集中在具有较高能力和技能的领域。从根本不具有能力提高到中等偏下的水平所需的时间，要比从第一流的绩效提升到优秀所需的时间多得多。可是，大多数人、大多数教师和组织都试图集中全部精力让一无是处的人达到中等偏下的水平。我们应该集中所有的能量、资源和时间帮助一个能干的人成为最优秀的人。"

而当一个人把精力用于弥补缺点时，就会因为过分关注自己的缺点和失败，无暇顾及优势的发挥，对自身的优势熟视无睹，使自己陷入失落和信心匮乏的深渊。这样的人很难把注意力集中在自己擅长的方面，积极地去发掘自身的优势。

一名剑客前去拜访一位武林泰斗，请教他是如何练就非凡武艺的。武林泰斗拿出一把只有一尺来长的剑，说："多亏了它，才让我有了今天的成就。"剑客大为不解，问："别人的剑都是三尺三寸长，而你的剑为什么只有一尺长呢？兵器谱上说：剑短一分，险增三分。拿着这么短的剑无疑是处于一种劣势，你怎么还说这剑好呢？"武林泰斗说："就因为在兵器上我处于劣势，所以我才会时时刻刻想到，如果与别人对阵，我会是多么的危险。因此，我只有勤练剑招，以剑招之长补兵器之短，这样一来，我的剑招不断进步，劣势就转化成优势了。"这位剑客听后，按照武林泰斗的方法去练剑，后来也成了一位武林高手。

面对自己的劣势，要勇于承认，不要盲目争斗，也不要停滞不前，我们应该扬长避短，努力增加自己优势的尺寸，一个在某方面或者某领域特别优秀的人，其劣势也会慢慢融合进优势里，转化成优势。

美国著名作家马克·吐温，曾经因为经商，被人欺骗，受到挫折后又经营出版公司，赔了本钱，还欠了债，然而，他在妻子的帮助下，鼓足勇气，振作精神，终于在文学创作上一举成名，创造了辉煌的业绩，写下了许多不朽的讽刺小说。

富兰克林也曾经深有感触地说："宝贝放错了地方，便是废物。"因此，每个人都应该善于经营自己的长处。因为只有学会经营长处，才可以使你的人生之旅更加富有生命的价值。在人生的坐标里，一个人所处的位置不同，他对于社会的作用也不尽相同。俗话说"人怕选错行"就是这个道理，我们选择职业的时候，首先就应该考虑清楚自己能够做什么，不能够做什么？要对自己有一个清醒的认识。

"人贵有自知之明"是一个具有现实意义的重要话题。人们只有正确地认识了自己的特长和天赋之后，才能够明智地选择自己人生的职业，为社会创造财富；人们对自己的人生有了正确的定位以后，才能够确定自己奋斗不息的方向，才能肩负起历史责任，完成一生的使命！

第八节　确定自己的优势

希尔顿集团创始人希尔顿认为，人的才智各有不同：每个人从事的职业可以相同，别为了要花时间找立足之处而烦恼。希尔顿说，他自己就花了32年的时间去发掘自己的优势，自己人生职业的开始也不过是个小职员，但这没有什么可耻的。

心理学家发现：一个人拥有优势的种类和数量并不重要，最重要的是每一个人应该知道自己的优势是什么，之后要做的则是将自己的生活、工作和事业发展都建立在这个优势之上，以期取得成功。成功专家克里夫顿博士说，成功者一般都了解自己优势的所在。

但在现实生活中，很多人都对此把握不好，他们不知道自己的优势究竟在哪里。做事情时“东一榔头、西一棒子”，今天学这个，明天学那个。结果不仅把自己搞得很累，也取不到任何成效——这绝不是聪明工作者之所为。

找到自己的长处，并利用自己的优势进行工作，是获得幸福感的一个重要来源。

塞利格曼在美国心理学界地位尊崇，是当代认知心理治疗的创始人之一，也是积极心理学之父。塞利格曼认为存在三种不同的幸福生活。第三种是有意义的生活（meaningful life），即发挥你的优势，投身于超出个人的事业，这是幸福感中最可敬的方面。他从东西方文化中发掘了6个核心的美德：智慧、勇气、仁爱、正义、节制、超越，并将这6个概念细分为24种优势。他在自己的网站authentichappiness.com上公布了优势测试问卷，每个人都可以通过这个测试找到自己的优势。

如何找到自己的长处，上面说过了心理学家对优势的定义和找到自己优势的简单方法。下面介绍一下管理学家是如何定义以及如何找到优势的。

管理大师德鲁克是这样找到长处和优势的，他在《21世纪的管理挑战》一书中这样写道：“要发现自己的长处，唯一途径就是回馈分析法（feedback analysis）。每当做出重要决定或采取重要行动时，你都可以事先记录下自己对结果的预期。9到12个月后，再将实际结果与自己的预期比较。我本人采用这种方法已有15到20年了，而每次使用都有意外的收获。比如，回馈分析法使我看到，我对专业技术人员，不管是工程师、会计师还是市场研究人员，都容易从直觉上去理解他们。这令我大感意外。它还使我看到，我其实与那些涉猎广泛的通才没有什么共鸣……

“我们只要持之以恒地运用这个简单的方法，就能在较短的时间内（可能两三年），发现自己的长处——这是你需要知道的最重要的事情。在采用这种方法之后，你就能知道，自己正在做（或没有做）的哪些事情会让你的长处无法发挥出来。同时，你也将看到自己在哪些方面能力不是特别强。最后，你还将了解到自己在哪些方面完全不擅长，做不出成绩来。”

人一辈子最大的悲剧是不认识自己，到死时都不了解自己。不了解的根源是因为不做批评与自我批评，所以不知道自己的优点、缺点，对自己没有一个清醒的认识，一辈子碌碌无为。做事先做人，人做不好，怎么能做好事？

第九节 “flow”状态

北大课堂上经常提到“flow”，当一个人的优势发挥到最好的时候，会进入一种完全沉浸其中的状态，即“flow”（心流）的状态，你完全意识不到时间的流逝，那是一种比性和巧克力更让人迷醉的体验。这是“积极心理学”的另一位重要人物美国心理学家米哈伊·柴科金特米哈伊（Mihalyi Csikszentmihalyi）的发现。

著名昆虫学家法布尔的例子就是一个典型的“flow”状态。法布尔一生热衷于研究昆虫的生活，他的邻居经常能够看见他一动不动地趴在地上五六个小时。如果有人问他在干什么，他就会回答“我在看蚂蚁们工作”，或者是“正在看蜘蛛产卵”。这些对别人来讲是又脏又无趣甚至恶心的事情，对他来讲是一种乐趣。正是在这种兴趣的驱动下，法布尔穷其一生研究昆虫王国，并写出了许多生动有趣的书，成为著名的昆虫学家。

反之，同样的工作，如果让一个对昆虫毫无兴趣的人去做，他一定会认为这是一种极其无聊的工作，更不可能发现其中的奥秘。

心流是一种将个人精神力完全投注在某种活动上的感觉。

当你处于心流状态时：

1. 一眨眼一小时就过了

2. 感觉做任何事都很重要

3. 不自觉

4. 知行合一

5. 觉得被完全控制

6. 感觉从本质上讲是有益的

要创造一种心流体验，你需要：

1. 有内在动机，例如，你有目的地参加活动。

2. 合理的强化技巧帮助你达到极致的工作，但不要过度，以致让你焦虑。

3. 如果你要尝试达到目标就应制定明确的短期目标。

4. 你应在做完某事后获得及时回馈，例如，你可以了解画作、图片或博客帖子怎样制作的。

心流已在外科医生、作家、演员、科学家、运动员和社交或玩游戏的人中做了研究。完美的行为体验非常类似，活动也不例外。

许多取得辉煌成就的人士都有一个相似之处，就是他们做了自己感兴趣的事，想要做的事。美国曾对2000多位著名的商界和科学界的著名人士进行调查，发现很少有人是出于谋生的目的而工作，他们大多是出于个人对某一领域的强烈兴趣而孜孜以求，不计名利报酬，忘我地工作。他们的成功是与他们的兴趣相联系的。因此，你在设计职业生涯时，务必注意：考虑自己的特点，珍惜自己的兴趣，选择自己最喜欢做的事。归根结底，只有将能力与兴趣结合起来考虑，你才更有可能取得职业生涯的成功。

心流需要一个平衡，尽管如此，像米哈里齐克森·米哈里在关于这个话题的书中所说的那样，《思绪飘动，体验美好的心理经验》：“乐趣出现在无聊和焦虑之间的边缘，当挑战和人们的理解力达到平衡，就可以行动。”

要想达到心流状态不太容易啊！但处于这种状态是件美妙的事情。

人在运动中容易进入“flow”的状态，比如滑雪、下棋、在乡村小路开车，或者在音乐和人群中，比如乐队、舞池或在咖啡馆与朋友进行一场激烈有趣的对话。“flow”也经常发生在独自的创造性活动中，比如画画、写作、照相。你从“flow”状态中获得的好处并非欢笑，而是获得更大的专注。

进入“flow”状态的关键是，一个清晰的挑战，占据你全部的注意力，你有能力接受挑战，并且每前进一步都会得到即时的反馈。每一个乐章，每一笔素描，每一步棋，都会给你积极的感觉。

第十节　认真活在当下

禅宗里有则故事：

有个人问慧海禅师：“禅师，你可有什么与众不同的地方？”

慧海答：“有。”

“是什么呢？”

慧海答：“我感觉饿的时候就吃饭，感觉疲倦的时候就睡觉。”

“这算什么与众不同的地方，每个人都是这样的，有什么区别呢？”

慧海答：“当然是不一样的！”

“为什么不一样呢？”

慧海答：“他们吃饭总是想着别的事情，不专心吃饭；他们睡觉时总是做梦，睡不安稳。而我吃饭就是吃饭，什么也不想；我睡觉的时候从来不做梦，所以睡得安稳。这就是我与众不同的地方。”

慧海禅师继续说道：“世人很难做到一心一用，他们在利害得失中穿梭，囿于浮华的宠辱，产生了‘种种思量’和‘千般妄想’。他们在生命的表层停留不前，这是他们生命中最大的障碍，他们因此而迷失了自己，丧失了‘平常心’。要知道，只有将心灵融入世界，用心去感受生命，才能找到生命的真谛。”

“饥来则食，困来即眠”，吃饭时吃饭，睡觉时睡觉，本来人生就是活在当下。活在当下是用心体会眼前的每一个经历，品尝当下的每一份喜怒哀乐。小孩子是最懂得活在当下的，他们玩时玩得尽情，哭时也哭得尽情，他们很少为未来的事情忧虑，他们只会想：我现在要玩些什么？怎样玩法？他们玩耍时手脚并用，使用各种感官务求好玩。所以，小孩子都是容易快乐的。

活在当下，是一种全身心地投入人生的生活方式。当你活在当下，而没有过去拖在你后面，也没有未来拉着你往前时，你全部的能量都集中在这一时刻，生命也因此具有一种强烈的张力，你可以把全部的热情放在这一刻。不要去想过去的事情，也不要去担忧未来的生活，这样，你才能做到无忧无虑。

然而，现在由于时代发展、科技进步以及人类无休止的欲望，我们当下更多人的生活场景是“吃饭时不是吃饭，睡觉时不是睡觉”。吃饭的时候，往往在谈工作，议人非；睡觉的时候，夫妻间你一个iPad（苹果公司的一款平板电脑），我一个小电脑，近在咫尺的人不说话，却和远在天边的人网上交流。

所以，对于生活在感觉超载之下的现代人而言，寻找幸福之道首要的一项便是简化我们的生活，让生活回归自然的本性，该吃饭，就吃饭，该睡觉，则睡觉。简单一点，你就会快乐一些。

从前有个小和尚，每天早上负责清扫寺院里的落叶。

清晨起床扫落叶实在是一件苦差事，尤其在秋冬之际，每一次起风时，树叶总随风飞舞。每天早上都需要花费许多时间才能清扫完树叶，这让小和尚头痛不已。他一直想要找个好办法让自己轻松些。

后来有个和尚跟他说：“你在明天打扫之前先用力摇树，把落叶统统摇下来，后天就可以不用扫落叶了。”

小和尚觉得这是个好办法，于是隔天他起了个大早，使劲地猛摇树，这样他就可以把今天跟明天的落叶一次扫干净了。一整天小和尚都非常开心。

第二天，小和尚到院子里一看，他不禁傻眼了。院子里如往日一样满地落叶。老和尚走了过来，对小和尚说：“傻孩子，无论你今天怎么用力，明天的落叶还是会飘下来。”

小和尚终于明白了，世上有很多事是无法提前的，唯有认真地活在当下，才是最真实的人生态度。

第十一节 工作狂属心理变态

随着生活节奏的加快，市场竞争的激烈，大多数人都把自己当成一匹“赛马”，时时想拿第一，他们的信念就是：用最短的时间获取更多的收获。他们不知道，大自然好比是扩大了的人，而人也好比是浓缩了的自然。日有日的规律，月有月的循环，年有年的往复。生物节律与人的健康关系是十分密切的。生物学家认为，每天按时起居、作业，能使人精力充沛，从而使生物钟“准时”，谁违背了生物节律，谁就与魔鬼交上了朋友。

相对来讲，用健康换钱、换地位是容易的，但是用金钱、地位换健康却太难了。所以，工作要努力，但不要倾尽所有力量，更不要超出力量而为之。

脑力劳动者之所以感到疲劳，其实是心理的问题。随着生活和工作的压力越来越大，人们往往要付出许多倍的努力以取得成功，这时人的精神处于极度杂乱的状态。受压抑的感情冲突未得到及时宣泄时，就会在肉体上出现疲劳症状，以致引起心理的扭曲变态，导致心理疲劳。

这样的疲劳看似微不足道，但若不注意，不及时调节的话，那么导致的后果是轻则降低工作效率、生活质量，重则诱发多种身心疾病。如果是心理疲劳，千万不要滥用镇静剂、安眠药等药物，要找出情绪忧郁的原因，使心理状态恢复平衡。病理性疲劳，应及时找医生检查和治疗。

美国心理专家斯宾塞教授指出，工作狂属心理变态，在各单位的低、中级管理人员中尤为常见。工作狂与对工作有热情者有本质区别——前者往往并不热爱自己的工作，一般很难从工作中得到快乐，而只是拼命地工作以求某种“心理解脱”，此外他们在工作中还常常强迫自己做到“完美”。一旦出现问题或差错便羞愧难当、焦虑万分，却又将他人的援助拒之门外；而后者则十分热爱自己的工作，从工作中能获得巨大乐趣，出现失败既不会怨天尤人，也不会懊恼不已，相反却会聪明地修正目标或改正错误，同时也注意与同事和上司协调、配合，因而人际关系相对融洽。考核显示，尽管前者的工作量要比后者大得多，但工效率和工作质量明显不如后者。

由此可见，工作狂不仅对身体有巨大危害，甚至威胁生命，对工作也是有害无益。

“慢性疲劳不是从天下掉下来的，而是你生活中发生的系列事件的最终结果。”美国心理学家乔治·D·泽古莱兹（George D.Zgourides）和克里斯蒂·S·泽古莱兹（Christie S.Zgourides）说，“你遭受的全部压力再加上不良生活习惯，总起来成了一个负数：你的精神和身体压力太大，导致你失去平衡，失衡的生活又导致慢性疲劳的出现。就这么简单。”这两位专家认为，消除慢性疲劳必须找到真正的根源：“制造疲劳的罪魁祸首是你理解和处理生活问题和健康问题的态度和方法。”他们发现，经常感觉疲劳的人，常出现很多种非理性、非现实思维。而研究结果也一再表明，认知重构法可以减轻疲劳并帮助我们恢复生活平衡。两位泽古莱兹为我们提供了更根本的解决慢性疲劳、恢复每日能量的解决方案：改变思维方式。他们是乐观的："你的疲劳是可以医治的，因为你的思维方式和行为是可以改变的。"

非理性思维的另一种形式是认知阻碍。它的表现形式是常使用"要是……我该怎么办？""我绝不能……""要是……可糟透了！""哎呀！不行！"这些想法都会阻碍你实现自己的目标，也经不起理智的思考。也会让你更紧张、更焦虑，还会引起抑郁、愤怒、内疚以及羞愧等消极情感，让我们更加疲惫。

我们已经认识到，认知扭曲是导致长期疲劳的主要原因之一。我们可以做些什么呢？显然，我们必须向自己的非理性思维提出质疑，代之以现实的思维和认识。一旦开始向它们提出挑战和质疑，我们就开启了理性之门。

为了克服非理性思维，必须接受一个事实：你是一个人，有时会犯错误。承认了自己的人性，你就迈出了第一步，以逐步摆脱那些消耗你身体能量的忧虑与烦恼，比如要求自己必须忙碌不停，要求所有人都喜欢自己等。

其次，你得放弃过分的要求。把什么应该如何、一定要如何等等丢到脑后去吧，然后你才能以一种更实际的态度接受现实，并在眼前的事物当中做出取舍。

再次，不要再说生活中的烦恼"太可怕了"，要有"反灾难化思维"。生活中发生的很多事并非大难临头、一片黑暗。确实有些事情让你紧张忧虑，比如亲人得了病，但往往是运气不好、事与愿违，而不是什么了不得的大灾难。

最后，无条件积极思考。应该承认，所有的问题、冲突、压力和烦恼实际上都是促使自己成长的机会，而不是对你的打击！换句话说，要控制自己的思维，并且对自己说，你有能力对发生的一切进行反思，这样你才能向前看，并且理性地处理所有事情。

第十二节　睡眠更是为了智力

在爱迪生发明电灯泡之前，人们每天平均睡10小时，大多是在夜里睡觉，但有时也在白天睡觉。现今平均每人在工作日期间有6.9小时的睡眠时间，周末则是7个半小时，平均需要睡眠时间是8小时，我们的睡眠时间就在这个数上下波动，很少有人需要很少的睡眠时间，也很少有人真的需要很多的睡眠时间。那我们如何知道自己需要多长的睡眠时间呢？可以根据自己身体的需要，你什么时候自然醒？什么时候睡觉，什么时候疲劳？可以这样估计睡眠时间，大约是8小时左右。

睡眠的重要性

8小时的投资有很大的回报，许多研究都表明了睡眠的重要性。泰勒曾详细总结了睡眠的重要性：

首先，显著增强身体的免疫系统。充足的睡眠增强了我们的免疫系统，精力水平。缺乏睡眠导致体重增加。如果我们尝试节食，我们又在和自己的天性作斗争，仅仅是充足的睡眠时间就能有效地改善我们的体重控制，我们又何乐而不为呢。

另外，缺少睡眠已经成为影响公共安全的一大隐患。交通部的调查显示，有37%的人说他们曾在方向盘后面打盹或睡着了，因疲劳驾驶而导致的交通事故大约是酒后驾车所导致的交通事故的1.5倍。

认知功能，无论是创造力，生产力还是记忆力，都会在我们不睡时受损。当睡眠充足，会完成更多的学习，你会把学习材料记得更好，更有创造性。这比熬夜学习的效率更高。

睡眠不足，会使我们的情绪变差。我们可能会压抑这些情绪，但这些情绪依旧存在。睡眠不足时，我们暴发情绪的导火索就会变短，那时候我们就更容易大发脾气，我们会感到焦虑，生理水平上变得不健康，当然心理上也不健康。

睡眠的过程中，我们的大脑会自然组织甚至是解决一些白天解决不了的难题。当你带着一个数学问题入睡，经常你会在早上醒来时得到解答，但不只是数学问题在晚上得到解答，还有其他人际问题，内心里的问题要在整个晚上解决。

美容觉是被证明有效的。如果一个人24小时没睡过，你能看得出，眼睛周围是有黑眼圈的，黑眼圈可以掩藏起来，但你仍然可以看出一个人是否衰弱。

睡觉不只是为了美容，更是为了智力。因为我们知道没有睡觉的人，比如说24小时没睡，24小时后他们的智商降低10个百分点甚至更甚，所以毫无疑问睡觉能保持美丽，不仅如此，睡觉还能保持幸福和智力，在每个层面上睡觉都是个好投资。

睡眠小贴士

下面是些非常简要的睡眠小贴士。

1. 一天睡8小时，找到适合你的睡眠时间，你可以晚上睡7小时，午后1小时，或者晚上6小时，午后2小时。但总的来说，我们一天需要8小时，如果你一天没有8小时的睡眠时间的话，比如工作需要的加班加点，那时候睡8小时觉可能有些困难，或者其他压力时期，或者你有小孩的时候，那么怎么办？

2. 小睡。小睡实际上被证明极其有效，白天打个瞌睡，比如睡个20分钟，虽没有晚上多睡两小时的效果好，但也比白天不睡要强得多。

美国波士顿大学安东尼教授在《打瞌睡的艺术》一书中指出，白天抽空小睡有助于提高工作效率。百忙中打个瞌睡并非偷懒行为，一个人若因睡眠不足而感到疲倦，在工作中就容易犯错误。疲倦也会导致一个人缺乏创造力。因此一个人在工作时若感到疲倦，不妨小睡10~30分钟，以振奋情绪和精神。

剥夺睡眠对健康和幸福的影响已被研究证明，睡眠剥夺会使认知能力和生理机能受到损害，对心情的影响则更甚。夜晚睡眠不足的人易于感觉不快乐，更紧张，身体虚弱和精神和身体上愈发疲劳，充足的睡眠让我们感觉更好，更快乐，更有精力和活力。

第十三节 爱情与亲密关系

当今版税收入最高的心理学家戴维·迈尔斯（David Myers）表示："几乎没有什么能比一段和好友之间亲密的，悉心培育的，公平的，亲近的，长达一生的相伴更能代表幸福了。"

积极心理学之父塞利格曼（Martin Seligman）选择了10%的最幸福组，发现他们和别人一样也经历了困难，他们有时会经历焦虑、紧张、抑郁、沮丧，但是，他们和其他人的区别，是他们恢复得更快，换言之，他们有更强大的免疫系统。他们有更强大的免疫系统的原因之一，是因为他们有亲密关系。为什么？

首先，有了亲密关系之后，当你快乐时，你会和你亲近的真正在意的人分享快乐，那就增加了放大了你的快乐，同样也增加了他们的快乐，这是个双赢；另外，当你经历艰难困苦时，拥有亲密的关系能帮助你克服困难，亲近的亲密关系显著地有助于你变得幸福。

当人们步入一段关系中时，他们总是希望延续最初时拥有的那份爱与热情，但是通常事与愿违。一个主要原因，就是因为爱情，特别是欲望和热情会随着时间磨灭。新奇的事物更能刺激我们，但是，我们很快会适应，这是我们本性的一部分。

三分之二的婚姻以离婚告终。那些即便以后没有分开的，也是出于责任，而不是因为曾经在一起时的那种激情。

怎样让恋情美好下去?

第一个方法是努力。

努力是个人成功的秘诀、是感情成功的秘诀。

这看起来似乎是不言而明的普遍常识，正如伏尔泰所说“常识没那么寻常”。大多数人认为拥有一段美好的、至死不渝的恋情的关键在于“寻找到真命天子”。这确实重要。但是错在了将重点放在“寻找”上面。若我们的恋情经历一段艰难岁月，接下来会怎样呢? 我会开始思索：“不对，我肯定是还未找到真命天子，我肯定弄错了，找错了对象。”这种心态常会让情况恶化，可能会导致恶性循环，这就是寻找心态。因为这种心态是固定的，我们找到了白马王子，我们找到了自己的女神。这种固定心态，它会威胁到我们的自我认定。因为一旦两人发生矛盾，我们就开始琢磨，“是不是因为我还没找到真命天子”。

如我们反过来抱着培养心态，这种心态中最重要的因素就是“努力”。带有这种观念的人们会认为：“好的，我们感情碰到了困难，我们在经历困境。但不怕，因为我们在努力改善，我们努力解决问题。”

两种心态，结果相差甚远！很多时候我们是可以转变这种心态的，不是可以马上变，但也不用太多时间。只要我们真正接受并内化一个事实——那就是在一段恋情中，找到真命天子，找到合适的人当然重要。但培养一段感情更重要！这世界上有60亿人口，真命天子绝非仅一个。那么是什么让恋情独特的呢？不是找到真命天子，而是与你选择的恋人培养感情，通过共同努力，共同在一起、共同度过、彼此奉献，这是创造一段恋情的方式。让两个“我”变成一个“我们”。

第二种维持爱情重要的途径是：做出改变——从想要被认可，到想要被了解。

如果我们想在蜜月期后，在一见钟情后，仍然维持着激情，我们就需要形成深层次的亲密关系。怎样培养亲密关系？通过逐渐了解对方；通过像了解自己一样了解对方。这意味着，我们若决心让对方了解自己，我们就必须打开心扉，我们必须吐露心声，这意味着我们得彼此分享。不只是那些在首次约会分享的，精彩美妙的事情，当然也包括一些让我们不怎么自豪的事情，也许是我们耻于提到的，让我们觉得不舒服，不为人知的事情，也许是我们的缺点。

第三点是要允许恋情中出现冲突。

关于健康恋情的一个误解是：健康恋情没有冲突没有争吵。健康的恋情都有一个共同之处，就是无论激烈的还是安宁的恋情都有争执。而且平均来看每五次互动就会有一次争执。冲突有时候会伤害感情，但同时要理解这是正常的，就像我们允许自己有不足之处一样，我们也要允许我们的恋情存在不足，这是很重要的。

冲突的重要性在于它使我们有免疫力。不是每种冲突都有益，关键不在于消除负面的东西，而是要巩固加强积极的东西。爱情就在细节中，爱情不在一周或一个月的环游世界中，不在五克拉的戒指里。这些东西确实美妙，也确实激发了幸福感，有时激发了爱情，但它们不能维持一段美好的感情。能够长期维持幸福恋情的是细节，那些微小的事情，是每天的生活常规，触碰，凝视，共进晚餐。感情的维系主要是靠这些日常琐碎的小事情，我们怎么做到呢？我们表现出我们的关心，去了解对方，他喜欢什么，不喜欢什么，有多喜欢。有些小事情，记得重要的日子。

沟通是解决冲突最好的办法。确切地说，健康的冲突是认知冲突而非情感冲突，认知冲突针对个人的行为，不健康的冲突在于情感。举一个针对个人行为的例子，你用完马桶为什么不把盖子放下来？对方的反应就是，你在针对我不放马桶盖子的行为，这就是针对个人行为？另一个例子：你是个懒鬼，答应了要扔垃圾的，却不做，我不能信任你。一样的事情，两种做法的效果却不一样。因此，在冲突中，需要尽量避免恶意、侮辱以及蔑视。在爱情中，要尽量欣赏对方的行为，在面对冲突的时候，要避免针对个人，这也就是我们常说的，“要对事不对人”。恋人或者是夫妻，在外人面前吼叫对方、轻视对方，是极其危险的。两个人的事情，需要私下处理，争吵也要在私下进行。

最后就是，要多关心对方。面对冲突时，要冷静下来，理解对方的感受，设身处地地替对方想想。在争执中，说一句“对不起”，或是一个拥抱，这些方法都能让对方冷静下来，缓解冲突带来的压力。

关于健康恋情的第四点，就是积极认知。

在一段健康的恋情中，一定要做一个优点的感知者。要赞赏对方，如果不懂赞赏，美好会贬值。可是不幸的是，我们常常把美好的事情当成理所当然，如果如此，恋情就会消失。

做一个优点发现者，对一段恋情十分重要。把注意力放在优点上，优点就会增加，换句话说，如果你认为你的伴侣比在别人眼中看来还要好，还有更多的优点，你还发现了更多别人看不到的优点，这样，恋情是可以持久地维持下去的。对伴侣有积极的评价这很重要。有些别人看不到的优点，你要发现它。

第九章

走出失控的怪圈

- 破窗效应
- 超限效应
- 安慰剂效应
- 登门槛效应
- 责任扩散效应
- 去个性化效应
- 首因与近因效应
- 存肢效应和21天效应

第一节　破窗效应

美国斯坦福大学心理学家菲利普·津巴多（Philip Zimbardo）于1969年进行了一项实验，他找来两辆一模一样的汽车，把其中的一辆停在加州帕洛阿尔托的中产阶级社区，而另一辆停在相对杂乱的纽约布朗克斯区。停在布朗克斯的那辆，他把车牌摘掉，把顶棚打开，结果当天就被偷走了。而放在帕洛阿尔托的那一辆，一个星期也无人理睬。后来，津巴多用锤子把那辆车的玻璃敲了个大洞。结果呢，仅仅过了几个小时，它就不见了。以这项实验为基础，政治学家威尔逊和犯罪学家凯琳提出了一个“破窗效应”理论，认为：如果有人打坏了一幢建筑物的窗户玻璃，而这扇窗户又得不到及时的维修，别人就可能受到某些示范性的纵容去打烂更多的窗户。久而久之，这些破窗户就给人造成一种无序的感觉，结果在这种公众麻木不仁的氛围中，犯罪就会滋生、濒增。

后来，在此实验基础上，美国政治学家威尔逊和犯罪学家凯琳提出了有名的“破窗理论”：一个房子如果窗户破了，没有人去修补，相隔不久，其他的窗户也会莫名其妙地被人打破；一面墙，如果出现一些涂鸦没有清洗掉，很快，墙上就会布满乱七八糟、不堪入目的东西。一个很干净的地方，人们会不好意思丢垃圾，但是一旦地上有垃圾出现之后，人们就会毫不犹疑地乱扔，丝毫不觉得有任何犹豫和羞愧。

“破窗效应”，是一种心理暗示造成的某种效应。人的行为和环境均具有强烈的暗示性和诱导性，若有人打坏了窗户玻璃，又没及时修复，别人就会受到暗示，去打碎更多的玻璃。

其实，心理学家研究的就是这个问题，地上究竟要有多脏，人们才会觉得反正这么脏，再脏一点无所谓；情况究竟要坏到什么程度，人们才会自暴自弃，让它烂到底。如果对这些问题，不加以制止和解决，久而久之，这些情况就会给人造成一种没有秩序的感觉。而且，一旦在这种公众对破窗现象习以为常、熟视无睹、麻木不仁的氛围中，犯罪就会迅速滋生、蔓延。

纽约市交通警察局长布拉顿受到“破窗理论”的启发。纽约的地铁被认为是“可以为所欲为、无法无天的场所”，针对纽约地铁犯罪率的飙升，布拉顿采取的措施是号召所有的交警认真推进有关“生活质量”的法律，他以“破窗理论”为师，虽然地铁站的重大刑案不断增加，他却全力打击逃票。结果发现，每7名逃票者中，就有1名是通缉犯；每20名逃票者中，就有1名携带凶器。结果，从抓逃票开始，地铁站的犯罪率竟然下降，治安大幅好转。他的做法显示出，小奸小恶正是暴力犯罪的温床。因为针对这些看似微小、却有象征意义的违章行为大力整顿，却大大减少了刑事犯罪。

我们日常生活中也经常有这样的体会：桌上的财物，敞开的大门，可能使本无贪念的人心生贪念；对于违反公司程序或廉政规定的行为，有关组织没有进行严肃处理，没有引起员工的重视，从而使类似行为再次甚至多次重复发生；对于工作不讲求成本效益的行为，有关领导不以为然，（放纵）使下属员工的浪费行为得不到纠正，反而日趋严重等等。

制度化建设在企业管理中已经是老生常谈了。但是，现实的情况往往是制度多，有效执行的少。长此以往，企业的发展会很尴尬。对公司员工中发生的“小奸小恶”行为，管理者要引起充分的重视，适当的时候要小题大做，这样才能防止有人效仿，积重难返。

有一家百来号人的本土企业，公司规定上班时间必须配带工牌。虽然制度上规定：如果发现不带工牌，每次罚款20元。最初一两个员工没有照做，但管理层并没有引起重视，没有严格执行该项规定。一个月以后，不带工牌的员工由最初的一两个，发展到几乎50%的员工都不带工牌，员工对此事抱着“可有可无”的态度，管理层并没有“令行禁止”反而一再纵容，严重影响了公司士气和员工的精神面貌。

基本上，破窗效应带给我们的思路就是从小事抓起，只有全部小事都不出乱子，才能做大事。在应用实践中，最直观的“小事”就是环境卫生，要把一个地方搞干净1天、2天并不难，但是要一个地方持续1年365天都很干净，那就只有顶尖的企业才能做到。这些事情并不难，缺的只是下定决心、持之以恒、配套机制、形成文化、定期更新。

第二节　超限效应

刺激过多、过强或作用时间过久，会引起极不耐烦或逆反的心理现象，心理学上称之为“超限效应”。这个效应启示我们，在批评或表扬时，应掌握一个“度”。“不及”固然达不到既定的目标，但“过度”又会产生超限效应，非但起不到应有的效果，甚至会出现一些反作用。

美国著名的幽默作家马克·吐温，有一次在教堂听牧师演讲，刚开始的时候，他看着牧师站在那里手扶讲台滔滔不绝，不仅演讲的内容十分丰富，而且牧师的肢体语言也表达得淋漓尽致。

于是，马克·吐温觉得在募捐的时候，自己一定要比别人多捐两倍，来表示自己对这位牧师的尊重和支持。

然而，牧师在那里已经讲了40多分钟，却依旧没有要结束的迹象。这让马克·吐温有些不快。又过了近30分钟，牧师的演讲依旧没有结束。马克·吐温有些生气了，觉得他这样做只是在耽误大家宝贵的时间。于是，他决定在募捐的时候，只捐一些零钱。

又过了10分钟，牧师还没讲完，于是马克·吐温生气地决定，自己一分钱也不会捐，真是太过分了。结果，又过了很长一段时间，牧师终于结束了冗长的演讲，开始募捐了。当牧师端着募捐箱来到马克·吐温面前的时候，由于气愤，马克·吐温不仅一分钱未捐，而且，他还从箱子里偷了两美元。

这种刺激过多、过强和时间过久而引起心理极不耐烦或反抗的心理现象，称之为“超限效应。”

巴甫洛夫在长时间的研究中发现了高级神经活动的基本规律，其中一种抑制叫超限抑制。即神经细胞长时间地工作或者受到强烈刺激的作用就会使条件反射受到抑制，也叫做保护性抑制。

从心理学的原理中可以看出，人的神经系统在强度过大或长时间的单调刺激之下，中枢神经中的个别部位就会持续地、长时间地工作。这时，神经系统就会自动调节，对过度兴奋的神经细胞进行抑制，降低其兴奋性，避免神经细胞的过度疲劳。可见新鲜感只是一时的，不会持续太长的时间。

心理学家曾经做过这样一个实验：他将实验对象分为两组，让他们同时观看一个精彩的广告：第一组看到的是不同的广告信息；而第二组则是不停地重复观看一条广告。实验结束以后，心理学家做了一个问卷调查：你有意购买这条广告中的商品吗？问卷调查的结果是：第一组有80%的人有兴趣购买广告中的产品；第二组只有一个人有兴趣购买。这样的调查结果表明，即使再精彩的广告内容，如果让消费者不停地看，也会引起超限效应。

“超限效应”不但反映在这些方面，而且在古文物研究里也有这样的例子，我国古代青花瓷瓶的“留白”其实也是一种防止“超限效应”出现的做法。

很多瓷器研究者都知道，我国古代瓶状的瓷器一般都是彩绘，颜色和图案都满满地占据着整个瓶身，没有丝毫的留白。而青花瓷瓶却用留白手法，打破了纹饰的繁密。瓷器的底色一般都是白色，青花瓷就是将这种白的空间保留了一部分，其余的部分用钴蓝描绘，从而产生一种对比，给人一种充满节奏和韵律的感觉。青花瓷的留白避免了“超限效应”，所以使得人们在观赏的时候留下了想象的空间，并能产生欣赏的愉悦感，这是别的瓷器达不到的观赏效果。

生活中不乏超限效应的例子。上司一日多次的教训，妻子没完没了的唠叨都会使对方产生反感和叛逆的心理。超限效应在家庭教育中时常发生。如：当孩子不用心而没考好时，父母就会像祥林嫂一样不厌其烦地重复对一件事做同样的批评，甚至把不相关的事情也牵扯出来唠叨，使孩子从内疚不安到不耐烦最后反感讨厌。被“逼急”了，就会出现“我偏要这样”的反抗心理和行为。可见，家长对孩子的批评不能超过限度，应对孩子“犯一次错，只批评一次”。如果非要再次批评，那也不应简单地重复，要换个角度，换种说法。这样，孩子才不会觉得同样的错误被“揪住不放”，厌烦心理、逆反心理也会随之减低。同样，频繁、廉价的表扬也是会适得其反的。

第三节　安慰剂效应

一位医生曾做过这样一个实验：他给患者服用安眠药，并告诉患者这是最新研发的对治疗失眠效果非常显著的安眠药。而事实上这种安慰剂只不过是心理医生用水和糖加上某种对人体无害的颜色配制而成的，它没有任何医疗作用。即使这样，患者在吃完药的第二天，会报告自己一夜无梦，睡了个好觉。这就是安慰剂效应。

第二次世界大战时，各种医疗设备和药品都很难运到前线，于是造成这些物资根本不够用。护士们通常是靠给伤兵注射吗啡来缓解他们的疼痛，但是吗啡的供给量总是不充足，需要它的人却有那么多。

意外的是，有人发现在一连给伤兵注射几天吗啡之后，如果将吗啡换成生理盐水，竟然同样抑制了伤员的疼痛。

莫非生理盐水也有麻痹神经从而止痛的功效？可是如果不给伤员注射吗啡而是首先就注射生理盐水，并且告诉他们这是生理盐水的话，伤员的疼痛又变得毫无缓解。难道让他们减轻疼痛的只是起初那个善意的谎言，将明明是生理盐水的药品故意说成是吗啡？

直到1955年，比彻博士才提出了“安慰剂效应”的概念，它又被称为“受试者期望效应”。

但并不是所有人身上都会产生安慰剂效应。安慰剂反应者有一些共同的人格特点：喜好交往、有依赖性、易受暗示、自信心不足、很注意自身的各种生理变化和不适感、有疑病倾向和神经质。

在日本进行了这样一项实验，实验对象对某种植物过敏，他们被蒙着眼睛带进实验室，研究人员用过敏植物碰触他们一只手臂，然后用另一种植物碰触另一只手臂，但没有告诉他们哪边是过敏植物。理论上被过敏植物碰触的手臂，会发出疹子，出现过敏反应。实验还有另一个条件，他们被告知会过敏的植物，碰触了他们的左手，不会导致过敏的植物，碰触了他们的右手。

但是实验者将两者对调了，即真正会导致过敏的植物，碰触的是他们的右手，而不会导致过敏的，碰触的是他们的左手。所以按理说，应该右手起疹子，而非左手，但是因为他们误以为左边的才是过敏植物，所以左手起了疹子，而右手没有。

一个意外的事故证明了这一点。一名男子意外地被锁在了一个冷冻车厢里，当负责拿着冷冻车厢钥匙的那个人，在锁上车厢20分钟后又回来打开冷冻车厢时，却发现了那名被意外锁住后冻死在冷冻车厢内的男子。医生对该男子进行了检查，证实他的确是被冻死的。然而，冷冻车厢的负责人却说冷冻车厢并没有开着冷气。事实也的确如此，车厢内的冷气开关并没有被打开过。经过一番调查取证后，医生这样解释道：这位男子在被锁在车厢后，他清楚地意识到自己是在冷冻车厢里，如果出不去，就会被冻死。正是因为他确信，在冷冻的情况下是不能活命的，因此，导致了该男子的死亡。

随着安慰剂效应为人所知，很多商家开始利用人们易受暗示的心理赚银子，其中最典型的就是化妆品了。安慰剂效应也同样被一些江湖术士运用到了极致。他们总是寻找那些易受心理暗示的人，不断向他们灌输自己手中的所谓“神水”、“神药”的功效，由于太过期待和相信，患者居然会在服用这些“神水”之后感到病情有所好转，因而把这些“大仙”传得更加神乎其神，害了更多的人。

第四节　登门槛效应

登门槛效应（Foot In The Door Effect）又称得寸进尺效应，是指一个人一旦接受了他人的一个微不足道的要求，为了避免认知上的不协调，或想给他人前后一致的印象，就有可能接受更大的要求。这种现象，犹如登门坎时要一级台阶一级台阶地登，这样能更容易更顺利地登上高处。

美国社会心理学家弗里得曼做了一个有趣的实验：他让助手去访问一些家庭主妇，请求被访问者答应将一个小招牌挂在窗户上，她们答应了。过了半个月，实验者再次登门，要求将一个大招牌放在庭院内，这个牌子不仅大，而且很不美观。同时，实验者也向以前没有放过小招牌的家庭主妇提出同样的要求。结果前者有55%的人同意，而后者只有不到17%的人同意，前者比后者高3倍。

同类实验：实验者让助手到两个居民区劝人在房前竖一块写有“小心驾驶”的大标语牌。在第一个居民区向人们直接提出这个要求，结果遭到很多居民的拒绝，接受的仅为被要求者的17%。在第二个居民区，先请求各居民在一份赞成安全行驶的请愿书上签字，这是很容易做到的小小要求，几乎所有的被要求者都照办了。几周后再向他们提出竖牌的要求，结果接受者竟占被要求者的55%。

心理学家认为，在一般情况下，人们都不愿接受较高较难的要求，因为它费时费力又难以成功，相反，人们却乐于接受较小的、较易完成的要求，在实现了较小的要求后，人们才慢慢地接受较大的要求，这就是“登门槛效应”对人的影响。

人们拒绝难以做到的或违反意愿的请求是很自然的；但是他一旦对于某种小请求找不到拒绝的理由，就会增加同意这种要求的倾向；而当他卷入了这项活动的一小部分以后，便会产生自己是关心社会福利者的知觉、自我概念或态度。这时如果他拒绝后来的更大要求，就会出现认知上的不协调，于是恢复协调的内部压力就会支使他继续干下去或做出更多的帮助，并使态度改变成为持久的状况。

不言而喻，前一组的家庭主妇同意率之所以超过半数，是因为在这之前对她们提出了一个较小的要求；而后一组的家庭主妇同意率之所以不足20%，是因为在这之前对她们没有提出一个较小的要求。换句话说，前一组的家庭主妇的同意率之所以高于后一组的家庭主妇，是因为人们的潜意识里总是希望自己给人留下首尾一致的印象。

推销员就常常使用这种技巧来说服顾客购买他的商品，通常成功的推销员都不会向顾客直接推销自己的商品，而是提出一个通常人们都能够或者乐意接受的小小要求，从而一步步地最终达成自己推销的目的。其实对于推销员来讲最困难的并非是推销商品本身，而是如何开始这第一步。当你把一名推销员让到你的屋里，可以说他的推销已经成功一半了，即使你开始并不想买他的账，仅仅是想看看他如何表演。有时我们会发现这种方法的确是个达成自己目标的好办法，尤其是用于和不太熟悉的人打交道的时候，偶尔使用一次成功率还是挺高的。

一位男士遇到一位令自己心仪的女孩子，如果他马上直截了当地要与对方结为夫妻、共度一生，恐怕女孩子会在惊讶之余，对其避之唯恐不及。大多数男士不会这么莽撞冒失，他会先邀请她一起吃饭、看电影、逛公园等等，这些小要求实现之后，才顺理成章提出求婚。

在企业中，一些管理者要推进变革，往往会遇到很多人的反对，甚至自己的领导也会反对。如果他们不同意变革，则变革根本无法进行。这时怎么办呢？去说服他们还是引导他们？有个有经验的管理者说，成年人超过25岁以后就很难被说服，更何况那些有实战经验的经理，只能运用各种有效的培训研讨方法和技术，让这些受众自己来说服自己。尤其是领导很难被引导，领导往往只能被满足。

这时，采用“得寸进尺”的心理战术效果会比较好。把计划化整为零，把宏大变革愿景变成就在脚下、就在手边的易行可行的一步步行动。

第五节　责任扩散效应

曾经在中国有这样一个时代，人们坚信这样一些话：人心齐，泰山移；众人拾柴火焰高。然而，泰山依旧巍峨耸立，也没有众人一起去为一堆火而忙碌。三个和尚的故事，在国内外都引起了广泛的共鸣，原因很简单，责任扩散（也可以称为“龙多不下雨”）是普遍存在的心理现象。所以如果一个极端事件的围观者众多时，目击者往往无所作为。反而只有一个目击者时，被害人反而是安全的，因为那唯一的人会认为自己是必须帮助他的人。

1964年3月13日夜3时20分，在美国纽约郊外某公寓前，一位叫朱诺比白的年轻女子在结束酒吧工作回家的路上遇刺。她绝望地喊叫：“有人要杀人啦！救命！救命！”听到喊叫声，附近住户亮起了灯，打开了窗户，凶手吓跑了。当一切恢复平静后，凶手又返回作案。当她又叫喊时，附近的住户又打开了电灯，凶手又逃跑了。当她认为已经无事，回到自己家上楼时，凶手又一次出现在她面前，将她杀死在楼梯上。在这个过程中，尽管她大声呼救，她的邻居中至少有38位到窗前观看，但无一人来救她，甚至无一人打电话报警。这件事引起纽约社会的轰动，也引起了社会心理学工作者的重视和思考。人们把这种众多的旁观者见死不救的现象称为责任分散效应。

这件事很快就引起了纽约社会的轰动，美国各大媒体谴责纽约人如此冷漠。然而，两位年轻的心理学家巴利与拉塔纳却不赞同媒体的言论。为了解释旁观者的无动于衷，他们专门做了一项实验。

心理学家拉特纳与其一名助手一起设计了一个实验来检验前面的发现。实验是这样设计的：一位女实验员安排好让被试者填写一张问卷后，穿过门帘到隔壁办公室工作去了。4分钟后，被试者听到那位女士爬到椅子上够东西的声音，紧接着的声音是尖叫，椅子摔倒和女士跌到地板上。随后是女士痛苦的声音传来："噢，天哪！我的脚……我……我……搬不动它，噢，我的脚……我……没法拿开身上这东西。"研究者试图了解，在这种情境中被试者独自一人时的反应同还有其他人在场时是否有差别。结果显示，被试者单独一人时，70%的人会试图以不同方式提供帮助；两个被试者在场时，出现其中一人试图提供帮助的比例为40%；而如果旁观者换成无动于衷的假被试者（即研究者的助手），则仅有7%的真被试者尝试着提供帮助。别人的存在与态度，造成了明显的观众抑制作用。

这个实验得出一个结论，那就是"责任扩散"效应，即当发生了某种紧急事件时，如果有其他人在场，那么在场者所分担的责任就会减小。因为每个人都认为助人的责任和助人的失败所带来的可能成本应由大家共同承担，也就是说提供帮助的责任扩散到其他人身上。

在不同的场合，人们的援助行为确实是不同的。当一个人遇到紧急情境时，如果只有他一个人能提供帮助，他会清醒地意识到自己的责任，对受难者给予帮助。如果他见死不救会产生罪恶感、内疚感，这需要付出很高的心理代价。而如果有许多人在场的话，帮助求助者的责任就由大家来分担，造成责任分散，每个人分担的责任很少，旁观者甚至可能连他自己的那一份责任也意识不到，从而产生一种"我不去救，由别人去救"的心理，造成"集体冷漠”的局面。

“责任扩散”效应其实是一种负性、不良的社会心理，在社会生活中普遍存在。如果把这类救人事件视为旁观者的一次无形的合作，那么合作失败的原因就是责任不清，导致行动不及时。因为旁观者很多，分散了每个人应该负有的责任。这种不良心理会让人的同情心减弱，使人变得自私、自我，最后导致社会风气越来越差。而解决这个问题的最好办法就是明确责任，强化人们的责任感。

当一个人在人群中遭遇危险或者需要其他人援助时，大声喊救命，很有可能谁也不会站出来帮他，因为大家都不觉得是在冲自己喊，都会想“会有人帮他的”，但是，最后却谁也没有提供帮助。如果听说过有众多旁观者却没有得到救助的案例，这个人就会学得聪明点儿，得喊“前面高个子的叔叔，快来救救我”，而且眼睛要看着想求助的人。有相当大的概率他会提供帮助。因为指向性请求让这位叔叔的责任变得非常清晰。

第六节　去个性化效应

1967年，俄克拉荷马州的一所大学，有一名学生因为承受不住学业以及社会的巨大压力，走上了教学楼的尖顶，准备从上面跳下结束自己的生命。当时总计有200个大学生围聚在此地，令人遗憾的是，这200个大学生中，竟没有一个人出来劝阻，而是集体起哄，喊着：“跳！跳！跳，快跳下来吧！”结果，那个学生在大家无情的起哄声中结束了生命。

无独有偶的是在2007年的成都，也曾经因为类似的事情，差点酿成了惨剧。当时，有一名年轻女子在试图跳楼轻生，历经警方劝说近5个小时，才终于将这名女子劝了下来。女子虽然被救下，但在整个过程中，楼下众多的围观者中很多人起哄、谈笑，甚至有人急忙打电话叫朋友来看热闹，围观者的表现让人们感到非常失望和心寒。

这都是为什么呢？这都是因为“去个性化效应”。“去个性化”这个概念最早是法国社会学家G.L.博恩在其经典著作《人群》一书中提出来的。指个体在群体中或与群体一起从事某种活动时，个体对群体的认同，或以群体自居，使个体的个性融于群之中，从而失去了个性感。与这种去个性化相联系的是，个体似乎失去了作为个性的约束力，在群体的保护下，做出违反他们在社会情境中常常遵守的社会准则的事，表现出非正常的行事倾向。

博恩认为，从历史的观点看，人类原本是从根深蒂固的亲属关系、纽带关系和部族关系中挣脱出来的，随着这种挣脱，原选取表现在这些群体关系中的去个性化也由之获得解放，个体又获得了个性。但是，个性的解放也潜伏着一种危机，那就是离开群体的心理距离越远，个体在享受自由的同时也就越感到孤独。个体的孤独又激发着个体重新加入各种群体活动，于是个性又融于群体之中，去个性化复又出现。

北大心理课堂中提到去个性化是个人在群体中自我意识下降，自我评价和控制水平降低的现象。个人在去个性化状态下，行为较少受自己的个性支配，责任意识会明显丧失，而倾向于跟随整个群体的状态。群体的规模越大，凝聚力越强，越易于引发人的去个性化状态。

怂恿跳楼者跳楼的“看客”们是去个性化的，每个人都不再是自己，而是一个“匿名”的、和他人无差别的人。在去个性化的情境中，人们往往表现得精力充沛，不断重复一些不可思议的行为而不能停止。人们会表现出平常受抑制的行为，而且对那些在正常情况下会引发自我控制机制的线索也不加反应。

研究表明，大城市偷盗、抢劫等各种反社会行为增加的原因之一，是由于城市人口密集、流动性大，人们彼此直接接触较少，因此同乡村人相比，城市人匿名性更大，去个性化程度更高，因而犯罪率也更高。

心理学家津巴多把一辆汽车置于纽约市区街道旁，用望远镜在远处观察，结果发现，在26小时内，汽车上的冷却器、收音机、雨刷、汽油桶等所有容易拆卸的东西都被偷走了，而且都是穿着整洁的白人干的。而在小村镇放同样一辆汽车长达九天，除去有一天下雨，一位过路人把开着的引擎盖子盖好之外，无人碰它。

如果欧洲足球赛在哪个城市举办，想必主办城市的居民必定会兴高采烈，但当地的警察肯定是高兴不起来的。为什么呢？欧洲的男子足球水平很高，但欧洲的足球流氓也同样大名远扬，尤其是英格兰的足球流氓，足以使任何球场保安谈虎色变。

1985年5月29日，利物浦与尤文图斯在比利时布鲁塞尔海瑟尔体育场的欧洲冠军杯决赛中相遇，欧足联赛前把一个球门后的看台分配给利物浦球迷，但是却有不少尤文图斯的球迷从比利时人手中买到该看台的球票。看台上，也没有足够的警察和工作人员将两队球迷分开。在比赛中，不断有双方球迷的辱骂和投掷行为。混在利物浦球迷里的足球流氓与尤文图斯球迷大打出手，导致看台坍塌，当场压死39名尤文图斯球迷，并有300多人受伤，而利物浦输掉了冠军杯。赛后所有的英国球队被禁止参加欧洲的赛事长达五年之久，利物浦是七年。这便是著名的“海瑟尔惨案”，足球流氓的经典作为。

上述惨案的发生，是因为在群体的庇护下，个体失去个性，失去责任感，也放弃了对自己行为的控制，结果便导致了冲动行为的发生。这是心理学上的去个性化现象。

“海瑟尔惨案”已经过去了好多年，然而球场暴力却有增无减。1999

年，英国警察共在英格兰足球超级联赛所有的比赛中逮捕了1461名肇事的足球流氓。2000年，各大足球强国，如德国、意大利、荷兰、阿根廷、巴西，均发生不同规模的足球球迷骚动，造成大量人员伤亡和财产损失。2000年7月在津巴布韦首都哈拉雷体育场进行的一场世界杯预选赛上，南非与津巴布韦的球迷之间发生激烈斗殴，共有13名球迷丧生，近百人受伤。继欧洲与南美之后，非洲也成为足球流氓的重灾区之一。

鉴于惨案愈演愈烈，国际足联主席布拉特一再指出，球场暴力已成为足球事业发展的毒瘤，也是足球运动的耻辱。那么，这阴魂不散、“我行我素”的球场暴力，究竟有些什么奥秘呢？同样是因为去社会化效应。群众中有意识的人格已经消失，无意识的人格占着主导地位，在情绪和观念的感染下以及暗示的影响下朝着明确的方向发展。并且，具有将暗示的观念立即转变成行动的倾向。

津巴多的一个实验中，通过给被试者每人发一件从头蒙到腿的大罩巾，也有效地创设了去个性化的状态。因此，身着制服、军装或其他统一服装的情况下，个体更容易服从命令，做出更具攻击性的行为来。战场上，硝烟笼罩下的敌我双方眼中往往只有服装的不同，自我意识大大降低，敌方的个体被大大忽略，因此私下里是好朋友。商场或运动场上却各为其主，其实就是不同隶属身份为人笼上了一层无形的去个性化的罩巾。

在美越战争正激烈的1968年，上百名美国官兵在陆军中尉卡利的带领下，制造了一起屠杀数百名无辜平民的血案。官兵中只有一位大学生出身的上等兵没有对手无寸铁的老人、妇女和儿童开枪。他上报了这次屠杀，卡利中尉1971年因此在美国受审。发人深省的是，报告者的家庭竟然不支持报告这一行为，盖洛普民意测验的结果表明，全美抽样的人群中完全支持卡利的比例高达79%。正如卡利在法庭上为自己开脱时所说的，他仅仅是服从上级军官的命令。大多数公众显然也认为，一个军官服从上级命令不应受到惩罚，即便是屠杀无辜。

那么是什么因素影响人们的去个性化行为呢?

首先，肯定是群体情境所具有的匿名性。群体中的个体不是以个人的方式来行动，而是融于群体中，丧失个体可辨别性的一种状态。这种现象在群体中表现更为突出，由于群体的推动作用，使得个体能在群体中做独处时自己不敢做的事。比如，看演唱会时，疯狂呐喊，大声跟着歌手唱歌；看体育比赛时，高声为喜欢的运动员呐喊助威。这些都是无危害的行为，只是置身于群体中，个体能毫无顾忌地正常宣泄自己的情感，做出自己的选择。

但是，去个性化现象如果持续下去，也可能具有一定的危险性。许多社会学家就认为，去个性化是反社会行为的一个原因。上述足球流氓的挑衅闹事就是去个性化的消极面。

另外，责任感的丧失也是导致去个性化的原因之一。当个体隐匿在群体中，不易作为特定的个体被认出来时，他会发现责任落到群体的身上，或者分散到个体身上，自己不用为群体行为承担责任，自己的责任感是模糊的。这也是所谓的责任分散效应。另外，情绪被激发的水平也能影响去个性化，个体被激怒时往往更容易造成严重后果。

对于去个性化这一心理现象，我们要辩证地分析看待，既要利用其积极的一面，也要克服其消极的一面。如果你是一个内向、胆小的人，希望改变自己的性格，可以多参加集体活动，置身于集体中，你会不由自主地跟随集体行动，表现自己外向、开朗的一面。而如果你是一个管理者，事先一定要做好统筹安排工作，明确每个成员的责任，赏罚分明，防止他们产生侥幸心理，这样才能使工作进行得井然有序。

第七节　首因与近因效应

为官者总是很注意烧好上任之初的“三把火”，平民百姓也深知“下马威”的妙用，每个人都力图给别人留下良好的“第一印象”，这些都是首因效应，具体地说，就是初次与人或事接触时，在心理上产生对某人或某事带有情感因素的定式，从而影响到以后对该人或该事的评价。

在社交场合中，我们必须要重视首因效应，因为大多数人，都十分重视别人留给自己的第一印象。它往往会影响到人们后来对人或事物的判断。第一印象好，以后的交流就会顺畅许多，反之，双方心中就会产生排斥意识，很难进行有效的沟通。

一般来说，第一印象一旦形成，要改变它就很困难，即使后来的印象与最初的印象有很大的差距也是如此。无论是什么样的开场白，关键都是要真诚，如果搞一些华而不实、虚假的东西，一旦被识破之后，对自己来说可以说是有害无益。

首因效应往往表现的只是一个片面的形象，不能以偏概全。真正的形象还是需要在以后的相处中才能慢慢体现，日子久了才能更好地发挥出来。虽然首因效应在生活中发挥着非常重要的作用，但是，“路遥知马力，日久见人心”。有的时候虚假的第一印象，也有可能会蒙蔽我们的双眼，带来不可弥补的错误。《三国演义》中“凤雏”庞统当初准备效力东吴，他主动去面见孙权。可孙权见到庞统相貌丑陋，心中便有几分不悦，又见他态度傲慢，更是暗地不爽。

最后，这位惜才如命的孙权就这样把与诸葛亮齐名的天才给拒绝了。虽然当时有鲁肃等人苦言相劝，但是依然改变不了结局。其实，礼节、长相和才华是没有直接关系的，可礼贤下士的孙权依然无法摆脱第一印象给自己造成的偏见，所以才会那么执著。由此可见，首因效应的影响有多大。

多年不见的朋友，在自己的脑海中的印象最深的，其实就是临别时的情景；一个朋友总是让你生气，可是谈起生气的原因，大概只能说上两三条，这是因为近因效应。我们对他人最新的认识占了主体地位，掩盖了以往形成的对他人的评价，因此，也称为“新颖效应”。

在生活中常常有这样一种现象。如果一个人以前一直是一个温柔如水的人，当有一天他因为某事大发雷霆，人们对这个人的印象就会发生改观，由过去的温柔变成有原则；如果一个人以前一直很信任自己的朋友，有一天朋友因为一些事情背叛了他，他就会觉得这个朋友不可靠，从此在心里对朋友产生戒备，而且无论如何都消除不了。这种现象就是心理学中的近因效应。它源于美国心理学家卢钦斯所做的一组关于吉姆印象形成的实验。

在这次实验中，他以关于男孩吉姆生活片段的两段文字为实验材料，在第一段文字里，他将吉姆描写成一个热情外向的人，在另一段文字里，他给了吉姆完全相反的评价：冷淡而内向。然后，他将两段文字加以组合。

在第一种组合里，热情外向的文字在前，冷淡内向的文字在后。

在第二种组合里，冷淡内向的文字在前，热情外向的文字在后。

在第三种组合里，只有热情外向的文字。

在第四种组合里，只有冷淡内向的文字。

卢钦斯分别让四组被试者阅读一组文字，然后对吉姆进行评价。结果发现，看第一种组合的人有78%认为吉姆是友好的，看第二种组合的人有18%认为吉姆是友好的，在第三种组合中这个数据是95%，而在第四种组合中这个数字是3%。到这里为止，这个实验似乎都在证明“首因效应”，然而实验到此并没有结束，他在两段文字之间加入了一些其他的活动，如做数学题、听故事等，然后让被试者阅读，结果发现大部分被试者做出判断的依据是活动结束后看到的文字。由此，卢钦斯认为，人们最近获得的信息更能影响他们的判断能力。这就是近因效应的体现。

也就是说，当多种刺激依次出现的时候，决定人们印象的形成的主要因素如最近、最新的认识是后来出现的刺激，这种影响甚至可以颠覆以往形成的评价。它和首因效应不同，首因效应是注重第一印象，而近因效应使人们更看重新信息，更依赖新信息进行判断，以至于完全抹杀了以往信息的参考价值，最终形成主观、片面的看法。

这种现象并不少见。多年不见的老同学一见面说得最多的很可能就是双方临别时的情景，多年好友也可能因为一句话而从此断交。近因效应在生活中的一个非常常见的现象就是之前你对对方很好，但是突然之间你因为某一件事对他狠狠地批评，那么他就会觉得你之前是在敷衍他，而这时对他的看法才是真实的。这也告诉我们，在批评一个人之后不妨加上一句："也许我把话说重了……"这样，对方心中的不舒服就会有所减弱，如果你总是用"下次知道了，绝饶不了你"等话语作为结束语，对方会觉得你可恶至极。

近因效应指的是某人或某事的近期表现在他人头脑中占据优势，从而改变了对该人或该事的一贯看法。近因效应与首因效应是相对应的两种效应。首因效应一般在较陌生的情况下产生影响，而近因效应一般在较熟悉的情况下产生影响。

如果说首因效应，是需要在刚开始就保持好形象，那么近因效应就需要我们有始有终地保持自己的好形象。

第八节 存肢效应和21天效应

一个人如果突然失去了一只胳膊，在相当长一段时间里他仍然会有一种存在感和支配欲，这就是“存肢效应”。之所以会存在“存肢效应”，是因为人们面对失去时都会产生这样的心理：不肯承认已经失去，因为无法面对突然的空落；对失去的留恋，因为只有失去的才是最宝贵的。但是，失去的毕竟失去了，而且，失去可能是另一种得到。

有两个年轻人，他们恋爱了四年，男孩深深爱着女孩，突然有一天，女孩提出分手，理由是性格不合，男孩死活不同意，但是于事无补，女孩毅然决然地远走他乡，当然是和另外一个男孩。失恋的男孩无法面对残酷的现实，整天沉浸在被抛弃的痛苦和对女孩的思念与留恋当中，对任何劝慰和开导都充耳不闻。自顾自地喝闷酒，睡大觉……男孩失恋后表现出的对女孩的执着，也是“存肢效应”。

再比如，刚退下来的领导因无法面对改变而心生失落；失去老伴的老人因无法应付突如其来的空缺而孤独难耐……

之所以会产生“存肢效应”，是因为人们面对失去时都会产生这样的心理：对失去的留恋，认为只有失去的才是最宝贵的；对失去的依恋，是因为无法面对突然的空落。就是这种对过去的留恋和依恋，才让有些软弱的人们变得一味地沉浸在对过去的执著之中，不敢也不愿意面对现实，以至于无所事事。

生活中难免会遇到失去，失去爱情、金钱、地位、权势、健康、心爱之物……如果一味地拿不起放不下，恐怕活着也就没有什么意思了。当然，失去的感觉是酸涩的，痛楚的，无奈的，揪心的，不会像拥有时那样满足和幸福，但毕竟已经失去了，痛苦、消沉是于事无补的。

20世纪60年代，美国著名的整形医学专家、心理学家马尔茨博士发现，存肢效应要在21天以后才能消失。行为心理学把一个人新习惯或新理念的形成并得以巩固至少需要21天的现象，称之为“21天效应”。这就是说，一个人的行为或想法，如果重复21天就会变成一个习惯性的行为或者想法。比如，你想跑步来减肥或者锻炼身体，1~7天需要刻意提醒自己，7~21天需要意识来提醒自己，坚持21天以后就养成习惯了。

新理念与习惯的形成需要一个过程。如用美国社会心理学家凯尔曼（1961年）的研究，它也需经三个阶段：

第一阶段，顺从。即人们表面接纳新理念或开始新习惯，在外显行为上表现出尽量与新的要求一样，而在实质上未发生任何变化。此时，人们最易受到外部奖励和惩罚的影响，因为顺从可获得奖励，不顺从就会遭到惩罚。可见，新理念、新习惯的形成一开始多数是受到外在压力影响而产生的，自发的是极为少见的。

第二阶段，认同。认同是人们在心中主动接纳新理念、新习惯的影响，比顺从更深入一层，因此，此时意识成分更加浓厚，不再是被动的无奈的，而是主动地、有意识地加以变化，使自己尽可能接近新理念、新习惯。

第三阶段，内化。此时新理念、新习惯已完全融于人们自身之中，无任何不适之处，已彻底发挥新理念、新习惯的作用。一般而言，这三个阶段对非特异的理念、习惯只需21天便可形成，这是大量实验与实践的结果。

这里所讲的21天是对新理念、新习惯的中等程度而言的，强度低的、简单的新理念、新习惯的形成就可能会形成得快一些，强度大的、复杂的新理念、新习惯就可能形成得慢一些，这些都有待于进一步深入研究。新理念、新习惯的性质对形成的时间来说也可能会有影响，但目前尚不知影响有多大，也需深入探讨。

参考文献

〔1〕听夜人. 使你受益一生的心理学[M]. 北京: 现代出版社，2010.

〔2〕赵海男. 领导中的心理学[M]. 北京: 清华大学出版社，2011.

〔3〕中石. 改变一生的14堂心理课[M]. 北京: 金城出版社，2009.

〔4〕凌微. 我也要懂点心理学[M]. 北京: 测绘出版社，2010.

〔5〕斯科特・W. 文特雷拉. 积极思考的力量. 汤力群, 译. [M]. 积极思考的力量. 北京: 中信出版社，2002.

〔6〕杨英，潘静. 哈佛最神奇的24堂心理课[M]. 北京: 石油工业出版社，2009.

〔7〕王絮. 漫画心理学[M]. 上海: 立信会计出版社，2011.

〔8〕庞晓东. 心理学是什么玩意儿[M]. 武汉: 华中科技大学出版社，2012.

〔9〕王宇. 每天懂点心理学定律续[M]. 北京: 科学出版社，2011.

〔10〕达夫，薄同娇，周青霞. 每天学点好玩心理学大全集超值白金版[M]. 北京: 中国华侨出版社，2011.

〔11〕牧之. 这些事不必找心理医生[M]. 北京: 新世界出版社，2010.

〔12〕橡树国际心理机构. 哈佛教授的心理咨询课[M]. 北京: 北京理工大学出版社，2008.

〔13〕张笑恒. 哈佛幸福课[M]. 北京: 北京工业大学出版社，2011.

〔14〕王磊. 给经理人每天看的心理学[M]. 北京: 中共党史出版社，2010.

〔15〕牧之. 每天学点心理学大全集[M]. 上海: 立信会计出版社，2011.

〔16〕苏陌. 图解心理学[M]. 北京: 中国法制出版社，2011.

〔17〕王新波. 从“心”生活学会真正的生活心理学[M]. 北京: 朝华出版社，2011.

〔18〕春之霖，黄薇. 每天学点心理学大全集[M]. 北京: 中国华侨出版社，2010.

［19］宋豫书. 20岁以后要懂得的100个心理学常识[M]. 北京：化学工业出版社，2010.
［20］姜朝晖. 生活中的心理学[M]. 北京：海潮出版社，2010.
［21］高英. 人一生要知道的心理学全集[M]. 北京：金城出版社，2010.
［22］阿德里安·弗恩海姆. 人人需要知道的50种心理学思想[M]. 北京：电子工业出版社，2010.
［23］刘雪. 心理学原来这么有趣：颠覆传统教学的18堂心理课[M]. 北京：化学工业出版社，2012.
［24］林志贤. 心理学一本通[M]. 北京：外文出版社，2012.
［25］牧之. 笑话中的心理学[M]. 北京：电子工业出版社，2011.
［26］李瑞克. 一本书看懂心理学[M]. 北京：新世界出版社，2010.
［27］京师心智. 心理学常识速查速用大全集案例应用版[M]. 北京：中国法制出版社，2011.
［28］启融. 管理者每天读点心理学知识[M]. 北京：海潮出版社，2011.
［29］陆小娅. 自我结与解[M]. 上海：华东师范大学出版社，2007.
［30］乔治·D·泽古莱兹，克里斯蒂·S·泽古莱兹，不再疲惫[M]. 郭晓惠，译. 北京：中国人民大学出版社，2008.
［31］曹玲. 贪食症：美丽的代价[J]. 北京：科学世界，2007（3）.
［32］女儿竟为减肥付出生命代价，专家分析厌食症病因[J].天津：天津老年时报，2011（6）.
［33］职冬娜. 厌食、贪食，吃为何成为大麻烦[J]. 心理月刊，2013（8）.
［34］赵冬梅. 弗洛伊德和荣格对心理创伤的理解[J]. 南京：南京师大学报（社会科学版），2009（11）.
［35］潘轶竹. 可怕的酒精依赖[J]. 心理与健康，2012（2）.
［36］彭文波. 青少年网络双重人格分析[J]. 当代青年研究，2002（4）.

后　记

在本书写作过程中，作者查阅、参考了与心理学有关的大量文献和作品，并从中得到了不少启悟，也借鉴了许多非常有价值的观点及案例。但由于资料来源广泛，加上时间仓促，部分资料未能（正确）注明来源及联系版权拥有者，希望相关版权拥有者见到本声明后及时与我们联系，我们都将按国家有关规定向版权拥有者支付稿酬。在此，深深表示歉意与感谢。

由于写作者水平有限，书中不足之处在所难免，诚请广大读者指正。另外感谢陈亚其、李海华、杨义超、邓国宣、卢凤强、陈红、林明浩、陈元秀、何琳丹等人参与编写此书并付出的辛勤劳动。